夫馬賢治

ESG思考

激変資本主義1990-2020、経営者も投資家もここまで変わった

講談社+α新書

はじめに　スターバックスの本当の姿を日本人は知らない

　コーヒーチェーンで日本でも有名なスターバックス。今や世界約80の国と地域で３万店舗以上を運営するほどのグローバル企業だ。店舗でコーヒーを販売するために1年間で調達しているコーヒー豆の量は約30万トン。コーヒーは1杯当たり10グラムの豆を使っていると言われているので、この割合で換算すると1年間で３００億杯を提供していることになる。

　このスターバックスが、２０１８年7月に「世界中の店舗で使い捨てプラスチックストローを２０２０年までに廃止する」と発表したことが大きな話題を呼んだ。スターバックスの使い捨てプラスチックストローの年間使用数は推計10億本。このときの発表では、世界では毎年８００万トンのプラスチックが海に流れ込み、それが生態系に悪影響を与えているという海洋プラスチック汚染の問題を提起し、業界の一企業としてこの問題を傍観しているわけにはいかないと、使い捨てプラスチックストローを廃止する理由を説明した。

　使い捨てプラスチックストローの廃止という衝撃的な発表に対し、私の周辺でも賛否両論が聞かれた。賛成派は、海洋プラスチック汚染問題にグローバル企業が関心を寄せ、廃止を決めたことを大歓迎していた。一方反対派からは、ストローばかりを問題視しても意味がないといった意見や、ストローを必要としている人もいるので一方的な廃止はむしろ社会にとってマイナスだという意見も出た。ちなみにこの日の発表でもスターバックスは、必要な人にはストローを提供すると表明しているのだが、いずれにしても、賛成派にとっても反対派にとっても、企業が何やら最近、環境問題に関心を寄せ始めていることを感じさせるニュースとなった。

スターバックスは、シアトルにある本社が作成した年次報告書の中で、次のようなことを言っている。

今日、市場の中でのスターバックスのブランド力のおかげで、当社は範を以てリーダーシップを発揮する機会を得ている。当社の責任は、事業パートナー、消費者、サプライヤー、株主、地域社会など、スターバックスのステークホルダー（利害関係者）に対して説明責任を果たし、事業のやり方やパフォーマンスについてオープンに発信・対話していくことから始まる。

当社での進化は、環境分野で責任ある方針や社内規定を策定することを担う環境問題チームを発足したことにある。環境問題が新たに浮かび上がってくれば、このチームが現状を分析し、改善のための機会を探していく。

これを読んで皆さんは何を思うだろうか。環境問題に関する内容があることから、プラスチックストローを廃止するスターバックスが言いそうなことだと思ったかもしれない。また、最近メディアで「ステークホルダー型資本主義」という単語が登場し始めていることから、いま流行りの言葉が並んでいると感じたかもしれない。

しかし、私がここで伝えたいのは、この内容が記載されている年次報告書がいつのものかということだ。このスターバックスの年次報告書は、2019年度や2018年度のものではない。私がこの引用部分を引っ張ってきたのは、スターバックスの2001年度の年次報告書で、今から約20年も前のものだ。スターバックスの人気メニューの一つである「抹茶クリームフラペチーノ」の日本での販売が始まるのが2002年3月なので、この年次報告書はそれよりも前に世に出ていた。

では、次の内容は、同じくスターバックスのどの年の年次報告書のものだろうか。

スターバックスとCI（著者注：国際環境NGOコンサーベイション・インターナショナルのこと）は、今後の気候変動に対応し、当社の責任あるコーヒー育成手法であるC.A.F.E.プラクティスのインパクトを測定することで協働するため、5年間のパートナーシップを更新した。スターバックスは今後3年間で750万ドルを提供することにコミットし、その半額以上をメキシコとインドネシアでの現場プロジェクトに投ずる。我々の計画は、そこで得た知見を、アジア太平洋、アフリカ、アラビア、中南米の他のコーヒー農家でも実施支援していくことにある。特に、C.A.F.E.プラクティスに参加する農家を拡大し、当社のガイドラインを通じて、農家の事業支援、世界の動植物の種のための重要な生息地の保護、潜在的な気候変動からの悪影響に対する農家の対応支援に取り組む。

この中に登場するC.A.F.E.プラクティスとは、スターバックス独自の自主的な取り組みで、環境と農家の所得に十分に配慮してコーヒー豆を調達するという、いわば「フェアトレード認証」と「エコ認証」を同時に満たすような高い水準の調達基準のことを指す。この年次報告書が発表された年には、スターバックスは創業以来初めて、調達したコーヒー豆全体に占めるC.A.F.E.プラクティスでの調達割合について目標を定めた。その成果は、定めた目標65％に対し実績は77％と、目標を大幅に上回っていた。

同じ年には、他にも数多くの定量目標が設定された。たとえば、「今後3年間で直営店舗からの二酸化炭素排出量を25％削減」「今後3年間で直営店舗での消費電力の50％を再生可能エネルギーに切り替え」「全新設店舗で環境ビルディング認証を取得」「今後8年間で飲料カップの25％を再利用可能なものに切り替え」というようなものだ。

さて、あらためて、これらの内容が記載されていたのは、どの年のスターバックスの年次報告書だろうか。気候変動や、飲料カップの再利用といった内容があることから、今度こそここ数年のものだと思ったかもしれない。しかし残念ながら答えはまったく違う。これは、2008年度の年次報告書だ。

スターバックスの経営については、カジュアルで洗練された内装、フレンドリーな店舗従業員の育成文化、消費者から支持され続けるブランドマネジメントなどが大きく注目されてきた。しかしその一方で、スターバックスがそれら以上に何を重視し、定量目標まで設定していたかについては、日本ではほとんど着目されることがなかった。それもそのはず、スターバックスの店内表示や広告を見ても、フェアトレードや環境配慮などといった表示はほとんどない。この事実から、スターバックスは、消費者から支持されるために必要なものはフェアトレードや環境配慮といった「きれいごと」ではなく、あくまで「商品の質」と「居心地の良い空間」だと捉えていたことがうかがえる。

では、スターバックスは、消費者に訴求するためでもないのに、何のために、わざわざそこまでしてフェアトレードや環境配慮を大規模に手掛けていたのだろうか。実は、このような「わざわざ」とも思えるアクションを２００８年頃から展開していたのは、スターバックスだけではない。日本でもよく知られているグローバル企業はほぼすべてこの時点で同様のアクションをとり始めていた。しかし、今に至るまで日本ではほとんど知られてこなかった。このあまり語られてこなかった大いなる謎を解き明かしていくのが、本書のテーマだ。そこに資本主義の変化の過程が隠れている（文中敬称略。肩書は当時のもの）。

※ちなみに、スターバックスは、２０１８年度の報告の時点で、C.A.F.E. プラクティスに基づく調達率は、コーヒー豆で99％、茶葉で95％にまで到達。すなわちスターバックスのドリンクの原材料調達は１００％近くフェアトレードが実現されている。再生可能エネルギー比率は77％となり、２０２０年までに１００％にする目標を掲げている。環境ビルディング認証取得では、すでに既存店舗にまで対象を拡大し、現在16ヵ国１６１２店舗で取得済み。２０２５年までに1万店舗にまで伸ばすことが目標だ。容器では、２０２２年までに再生素材利用率を20％にまで増やした上で、１００％堆肥化可能にすることを目標としている。

目次

第3章　ESGとともに生まれたニュー資本主義

第4章　リーマン・ショックという分岐点

第5章　ニュー資本主義の確立

第6章　ニュー資本主義が産み出したパリ協定・SDGs

第7章　日本でのニュー資本主義への誘導

第8章　ニュー資本主義時代に必要なマインド

重要略称

ESG（Environment, Social, Governance）環境・社会・企業統治

SDGs（Sustainable Development Goals）持続可能な開発目標

MDGs（Millennium Development Goals）ミレニアム開発目標

CSR（Corporate Social Responsibility）企業の社会的責任

SRI（Socially Responsible Investment）社会的責任投資

PRI（Principles for Responsible Investment）責任投資原則

UNEP（United Nations Environment Programme）国連環境計画

第1章　環境・社会を重視すると利益は増えるのか

スターバックスが捉えている視界を我々が理解するためには、経済に関するさまざまな認識を俯瞰(ふかん)的に理解しておく必要がある。

図1は、経済に関する認識や思想を、2軸を用いて4つに分類したものだ。横軸は、ビジネスが環境・社会へ及ぼす影響を企業が考慮するようになると、その企業の利益は増えるとみるか、それとも減るとみるか、の違いだ。縦軸は、企業が環境・社会への影響を考慮することに賛成か、それとも反対か、というものだ。この2軸で分類すると、4つの異なる経済認識が浮かび上がってくる。

利益が減るから反対する「オールド資本主義」

左下の「オールド資本主義」は、すべての経済認識の出発点とも言える考え方だ。オールド資本主義の人たちは、企業が環境・社会への影響を考慮すると利益が減るので、環境・社会への影響を考慮すべきではないと考える。こうシンプルに言うと、非常に「冷たい人」のように思えるが、我々の頭の中には、この考え方がつねにある。

たとえば、今喉が渇いているのでコンビニエンスストアで水を買おうとしているとする。Aの水は普通の水で120円。一方、Bの水は、味はAと同じなのだが、1本買うと20円分を植林活動に寄付するというキャンペーンが付いていて値段は140円。さあ、どちらの水

図1　経済認識に関する夫馬の4分類モデル

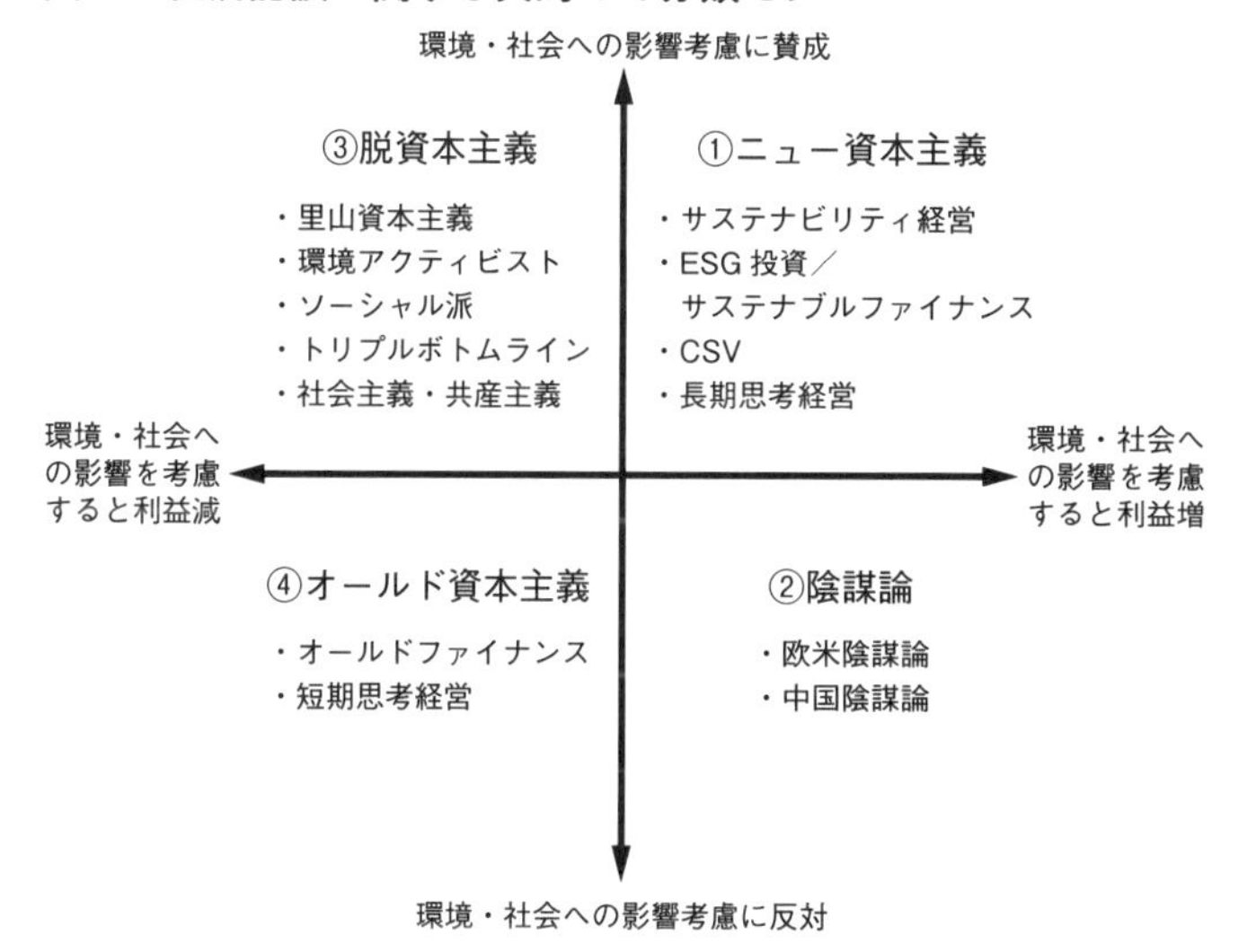

を手に取るだろうか。こういう問いを出すと、人は頭で考えると良い格好をしようとするので悩むかもしれないが、普通に今コンビニにいたら、シンプルに値段の安いほうを手に取るだろう。

　オールド資本主義的な考え方は、企業の現場では日常茶飯事だ。「福利厚生」「クラブ活動」「NGOへの寄付」「エコ商品」などなど、環境や社会への影響に配慮した活動をしようと思ったら、いくらでも実施するネタはある。ではそれを上司や経営会議に起案して決裁を取ろうと思ったら、「なぜ当社がそれをやる必要があるのか」「それをやるメリットは何か」と当然のように問われ、多くの案件が却下される。メリットがなければ、単に利益を減らす行為だと思われるからだ。

これは金融の世界でも同じだ。たとえば、会社の口座である投資信託を100万円分購入し、後日相場を見たら10万円分利益が出そうなのでそのタイミングで売ったとする。すると証券会社から「あなたのためを思って、利益のうちの2万円分を動物愛護団体に寄付しておきましたよ。なので8万円だけお返しします」と言われたら腹が立つだろう。勝手なことをするなと思う人は少なくないに違いない。当然、このようなことをしたら違法行為になる。実際に金融機関は、資金を預かっている人の利益が最大になるように注意を払う法的な義務を負っており、この義務には受託者責任と名前が付いている（受託者責任については本書の中で詳しく説明していく）。

利益が減っても賛成する「脱資本主義」

4分類の図の左上の象限に位置するのが「脱資本主義」だ。この立場の人は、オールド資本主義の人が「利益」「利益」と言って利益ばかりを追求することを快く思わず、利益が減ったとしても環境・社会への影響を考慮した経済活動が必要だと主張する。

たとえば、里山資本主義という考え方を藻谷浩介が2013年に提唱し話題となった。藻谷の考え方は、富ばかり追求していても人は幸せにはなれず、むしろ富を追求する姿勢が「マネー資本主義」という不幸な経済を生み出しているので、そこから脱却しマネーに依存しない生き方をしていこうというものだ。利益や富を重視せずに、地域でのつながりの中で生きていくことが幸福感をもたらすと述べている。

このように脱資本主義は、オールド資本主義を批判するときに出てくる認識だ。環境アクティビストは、「企業が利益ばかりを求めた結果、環境破壊を引き起こしている」と非難する。ソーシャル派は、「企業は自社の私欲ばかりを追求せずに、幅広い社会の便益とのバランスを取りながら経営すべき」と主張する。また、この脱資本主義は、古くは共産主義や社会主義が理想として掲げていたもので、「労働者を搾取から解放するためには資本主義を捨てなければいけない」と闘争していた。

脱資本主義の人の間では、「トリプルボトムライン」という概念が好きな人も多い。これは、財務的な利益だけでなく、環境への影響（環境利益）、社会への影響（社会利益）の3つの利益をすべて重視し、3つの利益の全体額をバランスよく増やしていこうとする考え方をいう。もともとは1994年にイギリス人作家のジョン・エルキントンが提唱したという。ボトムラインは、英語で「利益」のことを指す。また「トリプル」は、経済、環境、社会の3つを意味している。トリプルボトムラインによると、企業は従来型の財務的な利益だけでなく、環境利益と社会利益の2つも計算し発表したほうがよいことになっている。しかし、環境利益や社会利益をどのように算出するかについては、依然議論が続いている。

4象限の左側にある「オールド資本主義」と「脱資本主義」は、仲が悪そうに思えるが、「環境・社会への影響を考慮すると利益が減る」という考え方を共有している。そこでの違いは、「利益が減るからやるべきではない」か、「利益が減ってもやるべきだ」というものでしかない。

利益が増えるから賛成する「ニュー資本主義」

一方で、右側の象限は、前提が大きく異なり、「環境・社会への影響を考慮すると利益が増える」と考える。そして、利益が増えるのであれば、当然「環境・社会への影響を考慮すべき」というシンプルな結論を持っているのが、右上の「ニュー資本主義」の人々だ。

こんな考え方がありうるのかと疑う人もいるだろう。しかし、この考え方は10年ほど前から世界の機関投資家やグローバル企業に浸透してきている。たとえば、環境や社会を考慮することで投資パフォーマンスを向上させる投資戦略「ESG（環境 Environment、社会 Social、ガバナンス Governance の頭文字）投資」で運用されている資産は年々増え、2018年の時点では33・4%と世界全体の資産の3分の1がESG投資で運用されるまでになっている。いわば、脱資本主義の人たちが敵視し、オールド資本主義の人にとっての憧れの場所だった「ウォールストリート」は、もはやニュー資本主義に傾倒している状況だ。一体なぜそうなったのか。それが本書の本題なので、後ほど詳しく見ていく。

利益が増えても反対する「陰謀論」

他方、「環境・社会への影響を考慮すると利益が増える」という立場なのにもかかわらず、「環境・社会への影響を考慮すべきではない」と考える人もいる。彼らは、「環境・社会への影響を考慮すると利益が増える」などというきれいごとの裏にはきっと何か壮大な陰謀があるのだろうと斜に構えてものごとを捉える。その結果、我々は彼らの誘導に乗るべきではなく、あえて「環境・社会への影響を考慮すべきではない」と主張している。

この「陰謀論」にはいろいろな流派がある。たとえば、欧米の帝国主義を敵視する人もいれば、一部の欧米富裕層資本家を敵視する人もいる。では、敵視されている欧米では陰謀論はないのかというと、もちろんある。たとえばアメリカの言論界では、「アンチ・アジェンダ21」という名前の国連陰謀論が2010年頃から頻繁に登場するようになる。国連陰謀論は、国連は環境や社会について危機を煽り大国アメリカの自由を奪おうとしているが、実際にはそんな危機はなく、国連の陰謀だ、というものだ。国連陰謀論の支持者は、共和党の中でも「小さな政府」を求める保守主義勢力「ティーパーティ運動」に多い。彼らは、２０１６年の大統領選挙で環境危機に懐疑的な立場を鮮明にしたドナルド・トランプ候補を支持した。また最近では中国が陰で世界を支配していると考える人もいる。

陰謀論は、概して金融やビジネスの世界よりも、一部のジャーナリズムや政治団体、宗教団体の中で主張されることが多い。陰謀論的な思想は、すんなり理解できるタイプの人と、そうでないタイプの人がいて、両者の間ではなかなか会話が成り立ちにくい。陰謀論は「影の陰謀」を主張するので、存在を証明することも否定することも難しく、水かけ論になってしまいがちだ。

オールド資本主義、脱資本主義、ニュー資本主義、陰謀論。この4つの立場は、過去20年間でダイナミックに変化を遂げてきた。最も大きな変化は、経営や金融の主流にいた勢力が、オールド資本主義からニュー資本主義へと立場を転身させたことにある。この転身をもたらした新しい考え方を、私は「ＥＳＧ思考」と名付けた。冒頭で紹介したスターバックスの経営も、２００１年の時点ですでにニュー資本主義の立場を採っていたのだが、グローバル企業や大手の機関投資家は、おおよそ２０１０年から２０２０年の間に、ＥＳＧ思考を強めていった。

　一方、日本では、ニュー資本主義の概念は非常に歴史が浅く、ＥＳＧ思考を理解している人がきわめて少ない。先行している欧米の動きを紹介するジャーナリストや学者も、変化の流れをつかみきれておらず、４分類のうちの、どの立場に立脚しているかを自覚せずに発言していることも多い。同じ見解だと思った隣人とよくよく話をしてみたら考え方が違ったということも少なくない。世界では１９９０年から２０２０年にかけ、ＥＳＧ思考が育まれ、オールド資本主義からニュー資本主義へと認識転換が起こった。では、それがどのようにして起こったのかを、４分類モデルを念頭に置きながら見ていこう。

第2章　オールド資本主義の時代はいつ終わったか

ＷＴＯと反グローバリズムの闘争

今ではウォールストリートの主流ともなったニュー資本主義は、１９９０年代の世界には影も形もなかった。経済界はオールド資本主義と脱資本主義勢力の対立に明け暮れていた。当時、オールド資本主義の中心的な存在と見られていたのは、「自由主義経済」「グローバリゼーション」の代名詞ともみなされていた世界貿易機関（ＷＴＯ）と、先進７ヵ国の首脳が集うＧ７サミットだった。

ＷＴＯは、国際的な自由貿易を促進するための国際機関として、前身の「関税及び貿易に関する一般協定（ＧＡＴＴ）」を発展的に解消する形で１９９５年に発足した。ＷＴＯに加盟する約１３０ヵ国では、自由貿易の妨げとなっている関税や非関税障壁を一斉に撤廃していこうという気運が、一気に盛り上がった時代だった。

時は冷戦が崩壊し、東側諸国が一度に資本主義を採り入れ、世界規模の資本主義市場経済圏が誕生。日本では「住専問題」「拓銀ショック」「山一ショック」と金融危機が連鎖し、バブル崩壊後から今に至る経済停滞の時代が始まるのだが、世界の経済界・金融界では市場の拡大に大きな期待を膨らませていた。

こうした経済のグローバル化の動きに対し、真っ向から立ちふさがったのが「反グローバリズム」を掲げる運動だった。この運動に参加したのは、労働組合、環境団体、農家、学生、左派政党たちだ。自由貿易が浸透し、経済がグローバル化すれば、労働者は搾取され、環境破壊は進み、社会は荒廃していくと主張した。

ナイキ不買運動とシアトル暴動

反グローバリズム運動を盛り上がらせた一つの出来事は、１９９７年に起きたナイキに対する不買運動だ。ナイキは自社で工場を持たず、ブランドとマーケティングのみを管理し、生産は外注先の企業に委託する経営スタイルを採っているが、ナイキが靴の製造を委託するインドネシアやベトナムの工場で、劣悪な環境での長時間労働、低賃金労働、児童労働、強制労働がおこなわれていることが明るみに出て、世界的なナイキ製品の不買運動が起きたのだ。

これによりナイキには「スウェットショップ（労働搾取工場）」というイメージが浸透してしまい、欧米諸国で売上が激減。自由経済が進めば、発展途上国での貧困と人権侵害を生み、経済発展を阻害するという考えを持つ人が増えていった。そして反グローバリズム運動はその矛先を、自由貿易を促進する枠組みであるＷＴＯに向けていった。

１９９９年11月30日、ついに両者は衝突する。この日、アメリカのシアトルで第３回ＷＴ

O閣僚会議が開幕することになっていた。周辺のホテルには135の国の閣僚らと随行員、国際機関の関係者が宿泊しており、午前に催される開会式への出席準備を進めていた。しかし、会場となったワシントン州コンベンションセンター周辺の道路に突如として数百人の群衆が現れ、瞬く間に交差点を占拠していく。こうしてシアトル暴動が始まった。

シアトルには、WTOの自由貿易推進を阻止するため、数多くの反グローバリズム活動家が集まっており、道路を封鎖する抗議活動参加者の数は、数千、数万に膨らんだ。予定されていた開会式は中止となり、警察と抗議活動家の対立は催涙ガスが撃ち込まれるまでに発展した。集まった抗議活動家の数は最大で4万人とも言われている。逮捕された抗議活動家は145人にものぼった。

最終的に暴動は警察により鎮圧され、WTO閣僚会議は12月1日から3日まで開催されることになる。しかし、3日間の会合では、先進国側と発展途上国側の意見の相違が大きい上に、先進国間でも意見がまとまらず、最終的には何も成果を出せないまま終わった。むしろそれ以上に、抗議活動家が国際会議を一時中止させたという事実が広く伝わった。「非政府組織（NGO）」は経済活動に反対する過激な活動家というイメージが、世界的に定着していくこととなった。

企業のグローバル投資がODAを上回る

2000年代になると、ニューヨークで9・11同時多発テロが2001年に発生し、世の中の関心が国際政治や安全保障に向かう。しかしその頃から、経済界では徐々に経済認識の変質が始まっていく。冒頭で紹介したスターバックスがステークホルダー重視を謳い、環境チームを発足させるのも、先述の通り、この2001年だ。

シアトルでの閣僚会議が失敗に終わったWTOは、その後今に至るまで世界規模での貿易自由化を実現できていない。その代わりとして、二国間単位や地域単位での自由貿易協定（FTA）が生まれることになるのだが、同時にこの時代には国家と企業の立場に変化が生じていく。大企業は、国家の陰に隠れ国際会議や外交交渉での経済協議の行く末を見守っていたのだが、時とともに大きな影響力を手にしていき、国際社会の表舞台へと躍り出たのだ。

たとえば、当時ゴールドマン・サックスの世界経済研究ヘッドに就任したばかりのジム・オニールが、投資家向けの会報誌の中で「Building Better Global Economic BRICs」というタイトルのレポートを発表し、中国、インド、ロシア、ブラジルの4ヵ国を「BRICs」と名付けたのが2001年。それまで有望市場と考えられていなかった新興4ヵ国が一気に注目を浴び、企業の進出競争が激化していった。

アフリカですら状況は大きく変化していく。それまでアフリカの経済を支えていたのは、政府開発援助（ＯＤＡ）という名の外国からの経済援助だった。１９９０年代まで、世界各国からのアフリカ諸国へのＯＤＡ総額は２００億ドルほどだったのだが、企業による外国直接投資（ＦＤＩ）は徐々に伸びたとはいえ、それを上回ることはなかった。しかしついに２００１年、企業ＦＤＩが政府によるＯＤＡを上回る。そしてそのままＦＤＩは急成長を遂げ、２００７年には５００億ドルを突破した。アフリカの経済成長を支える担い手も、先進国政府の援助から企業の投資へと移っていった。

自ら活動の場を大きく広げた企業は、本社所在国の政府に対する依存意識が徐々に低くなっていく。たとえばスターバックスは、米国政府の政策動向に依存するよりも、自分たちでコーヒー生産国のネットワークを広げ、世界中の国に自店舗を開設する動きに出る。同様の変化は、Ｐ＆Ｇやユニリーバといった消費財メーカー、コカ・コーラやペプシコ、ネスレといった食品メーカー、ＧＡＰやＨ＆Ｍといったアパレル企業、マクドナルドやケンタッキーといった外食企業、ノバルティスやファイザーといった製薬企業でも起きた。

これらの企業は、「グローバル戦略」「グローバル経営」という感覚を身につけ、もはやどこの国出身の企業なのかわからなくなるほどに「グローバル性」を強めていった。さらに、マイクロソフト、グーグル、アマゾン等の新興ＩＴ企業たちも、あっという間にグローバル市場を形成していった。

アナンが始めた2つの装置

オールド資本主義と脱資本主義が対立し、ＷＴＯでの自由貿易体制の議論も進まない中、国連では２つの装置が産声をあげる。産みの親は、１９９７年から２００６年まで10年間、国連事務総長を務めていたガーナ出身のコフィー・アナンだった。アナンは国連職員として32年間の経歴を持つ国際公務員だが、学部時代は経済学を専攻し、マサチューセッツ工科大学スローン・スクールでＭＢＡ（経営学修士）を取得しているという経済・経営のバックグラウンドを持つ。

このアナンが２０００年9月に「ミレニアム開発目標（ＭＤＧｓ）」というものを打ち出す。ＭＤＧｓは、ニューヨークで開催された国連ミレニアム・サミットで国連全加盟国に採択させることに成功した「国連ミレニアム宣言」と、１９９０年代にさまざまな国際会議で採択された種々の国際目標を統合したものだ。２０１５年までに国際社会が達成すべき目標として、８つのゴールと21のターゲット項目を掲げた。８つのゴールの中身は、「極度の貧困と飢餓の撲滅」「普遍的初等教育の達成」「ジェンダー平等推進と女性の地位向上」「幼児死亡率削減」「妊産婦の健康改善」「HIV・マラリア等の蔓延防止」「環境の持続可能性の確保」「開発のためのグローバルなパートナーシップの推進」というものだった。

MDGsの達成に向け、アナン自身が統括する国連事務局と、国連諸機関は、発展途上国への援助を強化するとともに、国連加盟国に対し寄付や技術援助の拡大を要請した。加えて、力を付けつつあったNGOに対する資金援助制度も拡充し、国や国際機関の手が届きにくい分野をNGOが主体的に担うことを期待した。こうして、児童労働撲滅、難民支援、環境保護、水・衛生施設の整備、医療支援、災害支援等の分野で「国際NGO」と呼べるほどの団体が誕生していく。

国連グローバル・コンパクト

アナンが産みの親となったもう一つの装置が、「国連グローバル・コンパクト（UNGC）」だ。国連グローバル・コンパクトは、アナンが1999年に開催された世界経済フォーラムの年次総会「ダボス会議」で構想を発表し、2000年7月に発足した活動だ。「コンパクト」は英語で「誓約」のこと。国連グローバル・コンパクトは、「人権」「労働」「環境」、そして賄賂（わいろ）等の防止を意味する「腐敗防止」の4分野を対象に、合計9の原則（2004年に腐敗防止が加わり10原則）を定め、企業に対し自主的な署名を呼びかけた。加盟国ではなく民間企業を対象にした国連グローバル・コンパクトは、ＭＤＧｓと異なり、国連の公式会議での承認を必要とせず、アナンの呼びかけだけでスムーズに実現することができた。

国連グローバル・コンパクトは、あくまで自主的な署名なので、署名をしても企業にはなんら法的な義務が発生するわけではないし、罰則もない。またコンパクトの内容は、宣言的なものであり、定量目標が定められているわけでもない。このただの「宣言」に過ぎないように思われた国連グローバル・コンパクトが、後々まで続く、国連にとっては画期的な活動となる。国連はそれまで、各国政府から拠出金を受け取り、政府の代表による会議を開催し、政府を相手にした活動を展開していた。しかしアナンは、政府だけでなく企業が国際社会のアクター（活動主体）となってきたことに着目し、**国連が直接企業と接点を持ち、国連と企業が対話する場を設けたのだ。**

２０００年7月26日に発足した国連グローバル・コンパクトは、発足式典の場で、なんと46社もの企業が自主的に署名した。46社の顔ぶれは、ナイキ、ユニリーバ、ダイムラー、ボルボ、ノバルティス、ロイヤル・ダッチ・シェル、ＢＰ、リオ・ティント、バイエル、ＢＡＳＦ、ドイツテレコム、クレディ・スイス、ＵＢＳグループなど、すでに多国籍で活動していた欧米の大企業が大半で、欧米以外ではブラジルの化粧品メーカー大手ナチュラ・コスメティコスと、パキスタンの砂糖製造大手セリ・シュガー・ミルズ、中国の綿製造エスケル、そして南アフリカの電力公社エスコムの4社のみ。日本企業の署名第1号はそこから7ヵ月後に署名したキッコーマンまで待たなければいけなかった。

アナンは、この2つの装置を立ち上げた後、MDGsと国連グローバル・コンパクトを結びつけようと模索した気配がある。しかし、国際援助という位置づけが強かったMDGsにおいて、国連諸機関や国連加盟国は、あくまで中心的なアクターは政府、国際機関、NGOの三者と認識していた。そのため、企業がMDGsにおいて主体的な担い手とみなされることはなかった。反グローバリズムの声も上がっていた当時、国連活動の中で企業を大きく扱うことは、むしろ忌避されるきらいもあった。そのため、MDGsと国連グローバル・コンパクトは、2015年に新たに「国連持続可能な開発目標（SDGs）」が採択されるまで、バラバラに行動していくことになる。

日本独自の「CSR文化」が始まる

アナンがMDGsと国連グローバル・コンパクトという2つの装置を動かし始めていた2000年。日本では、この2つの動きはほとんど知られることがなかった。MDGsは、国際援助を担う外務省と国際協力機構（JICA）の役割として捉えられ、企業も報道機関もほとんど関心を寄せなかった。国連グローバル・コンパクトに至っては、企業を対象にした活動であったため政府関係者も認知せず、当然、政策として取り上げられることもなかった。そのため、大手企業のごく一部の担当者を除いて誰も知らない状態が長く続いた。このごく一部の担当者とは、大手企業の中で「企業の社会的責任（ＣＳＲ）」と呼ばれる仕事を担う人たちだった。

日本では、ＣＳＲのことを「利益を目的としない社会貢献活動」と認識している人が多い。本業とは無関係で利益も生まず、ただ企業がイメージアップを狙っておこなう活動を指して、「ＣＳＲの一環でやっている」という表現もわりと浸透している。ＣＳＲという単語は、もともとは欧米で生まれた言葉で、いつしか日本に入ってきた概念だ。しかし日本ではＣＳＲとは何かということがきちんと定義されたことはなく、なんとなく「イメージアップの活動」という見方が定着していった。

日本のＣＳＲ研究者の間では、日本で最初にＣＳＲが提唱されたのは、１９５６年の経済同友会の決議「経営者の社会的責任の自覚と実践」であるという共通理解がある。この決議の中身は、

現代の経営者は倫理的にも、実際的にも単に自己の企業の利益のみを追うことは許されず、経済、社会との調和において、生産諸要素を最も有効に結合し、安価かつ良質な商品

を生産し、サービスを提供するという立場に立たなくてはならない。（中略）経営者の社会的責任とは、これを遂行することに外ならぬ（中略）[1]。

というもので、経済的利益と社会的インパクトは相反し、利益よりも社会的インパクトのほうを重視すべきという脱資本主義的な内容となっていた。この決議は、その後、あまり顧みられることがなかったと言われているが、高度経済成長を迎えた日本で、利益を重視しない経営という概念は、経営者にとっても、幅広く経済界にとっても、あまりしっくりくるものではなかったのだろう。

一方、事業で得た利益を社会に還元するという意味での「ＣＳＲ」概念が登場するのが、１９８０年代だ。１９８６年と１９８９年に経団連はアメリカに派遣団を送る。そこで、利益の一定割合を社会貢献活動に寄付する「パーセントクラブ」という活動がアメリカにあることを知り、日本に持ち帰った。そして１９９０年に経団連の意向で「１％クラブ」という団体が設立される。経団連の加盟企業に対し、利益の１％を慈善活動や文化活動に寄付しようという動きが起きた。

日本の経済界の中で、経団連は大きな影響力がある。そのため、その意向に沿う形で大企業は企業財団を次々と設立し、いわゆる社会貢献活動が定着していった。寄付対象は、文化活動や地域活動が中心。本業とは関係のない分野に寄付するほど純粋な社会貢献度合いが高いという暗黙の感覚も根付いていった。これは、脱資本主義とは言わないまでも、オールド資本主義の中で得た利益の一部を、「倫理的に」還元していこうという思想だった。

1992年から「サステナビリティ」が広がる

社会貢献活動としてのCSRに、「環境」という項目が加わったのが1990年頃だった。

環境分野のもともとの発端は、国際条約だ。1987年に「オゾン層を破壊する物質に関するモントリオール議定書」が採択され、オゾン層とフロンガスの話題がクローズアップされる。さらに、1989年には原油採掘大手企業エクソンがアメリカのアラスカ湾沖でタンカー「バルディーズ号」を座礁させ、原油が大量に流出し海生動物が多数死亡する事件が起きる。するとアメリカの環境NGOのCeresが、企業に対し10項目からなる環境保全原則「バルディーズ原則」を打ち出す。そして1992年にはブラジルのリオデジャネイロで国連環境開発会議（地球サミット）が開催され、「リオ宣言」と、それを実施するための行動計画である「アジェンダ21」、加えて「気候変動枠組条約」「生物多様性条約」「森林原則声

1　経済同友会（2010）「日本企業のCSR ―進化の軌跡―」

明」が採択された。このときの地球サミットで「持続可能な開発」という概念が強く提唱され、今に至る「サステナブル（持続可能な）」「サステナビリティ（持続可能性）」という単語が世界的に広がることになる。

この流れを受け、日本でも政府と経団連が動き出す。1991年には経団連が「経団連地球環境憲章」を制定し、産業界に自主的な環境への取り組みを促す。[2] 1992年には通商産業省（現・経済産業省）がボランタリープランを打ち出し、企業に自主的に環境に関する実績データを公表するよう呼びかけ、「環境報告書発行」というコンセプトが打ち立てられる。そして1997年に、今度は環境庁（現・環境省）が「環境報告書作成ガイドライン」を策定し、環境報告書のフォーマットを提示した。これによって、大企業が一斉に「環境報告書」を毎年発行する慣習が生まれた。折しも国際標準化機構（ISO）が1996年に「ISO14001（環境マネジメントシステム）」を制定したため、ISO14001を取得する動きもメーカーを中心に同時に始まった。

そこから数年間は、環境省と経済産業省の間で競うように環境報告ガイドラインが改訂されていく。2001年には環境省が新たに「環境報告書ガイドライン（2000年度版）」と「事業者の環境パフォーマンス指標ガイドライン（2000年度版）」を発表すると、経済産業省から「ステークホルダー重視による環境レポーティングガイドライン2001」が出る。2003年には環境省が「事業者の環境パフォーマンス指標ガイドライン（2002年度版）」を、翌2004年には「環境報告書ガイドライン（2003年度版）」をそれぞれ改訂する。大企業を対象にした環境省アンケートでは、環境報告書を作成している企業の割合は、1997年度には6・5％だったが、2003年度には26・6％と急上昇を遂げた。[3]

2003年は日本のCSR元年

そして、2002年から2003年にかけての2年間で、CSRとは「社会貢献活動」、「環境報告」、不祥事防止のための「法令遵守」の3つを指すことがほぼ固まる。1％クラブから企業に寄付活動を推奨してきた経団連は、2002年に「企業行動憲章」を改定し、「企業行動憲章実行の手引き（第3版）」を公表する。その中で、環境報告書を継続的に発行することと、不祥事防止のための法令遵守を徹底することを提唱した。これにより、この3つを担当する部門として、2003年からCSRという部門が創設される流れができた。最初に創設したのはリコーだった。その結果、環境報告書も、徐々に「CSR報告書」へと名

2　岩田和之他（2008）「企業における環境情報開示の展開：環境報告書・CSR報告書データベース構築について」
3　環境省（2003）「平成15年度 環境にやさしい企業行動調査結果【概要版】」

前を変えた。こうして２００３年は「日本のＣＳＲ元年」となった。

だが、政府と経団連という外部からのプレッシャーにより形成されたＣＳＲ部門やＣＳＲ報告書は、本質的には経営陣の関心を集めることはなかった。それよりも２０００年代の経営テーマとして話題を呼んでいたのは、不良資産の処理、キャッシュフロー経営、コア事業の集中とノンコア事業の売却、社内ＩＴ投資、徹底的な効率化によるコスト削減、職務等級型人事制度の導入、技術経営（ＭＯＴ）、四半期決算対応といった社内の財務諸表と業務フローに関するものだった。

中国進出も始まったが、進出業務は現地法人に出向させた若手社員に任せたままで、日本の本社は国内事業の財務諸表や業務フローとにらめっこしていた。まして、**利益を蝕んでいく日本のＣＳＲ業務には明確なミッションが与えられるはずもなかった**。書店には、たびたび「本質的ＣＳＲ」や「ＣＳＲは企業価値を上げる」といった本が並ぶこともあったが、出版社の間では「ＣＳＲの本は売れない」が共通認識だった。

過激なＮＧＯとアドバイスをくれるＮＧＯ

再び舞台を欧米に戻そう。前述したように、アナンが２０００年に国連グローバル・コンパクトを立ち上げたとき、欧米大手企業46社がすぐに署名した。なぜシアトルで政府とＮＧ

Oが資本主義を巡って対立していたときに、企業は環境・社会テーマに飛びついたのか。それは批判の矛先を向けられたグローバル企業にとって、批判をかわすためには情報開示が必要だと考えたからだった。その情報開示を推進したのには、日本ではほとんど知られることのなかった別のタイプのＮＧＯの存在があった。

欧米のグローバル企業にＮＧＯとの関わり方について質問すると、おおむね共通した回答が返ってくる。「ＮＧＯには2種類いる。耳の痛いことを言ってくる過激なＮＧＯと、話を聞いてくれてアドバイスをくれるＮＧＯだ」。２０００年のタイミングでも、シアトルで道路を封鎖したＮＧＯとは別に、企業と密接にコミュニケーションをとるタイプのＮＧＯが存在していた。その代表格が、グローバル・レポーティング・イニシアチブ（Global Reporting Initiative）、頭文字を取ってＧＲＩだ。

ＧＲＩは、アメリカの有力環境ＮＧＯであったCeresとTellus Instituteが１９９７年に設立した団体だ。ＧＲＩは、先に紹介したトリプルボトムラインという概念に触発され、企業は財務報告書だけでなく、環境報告と社会報告を含めた「サステナビリティ報告書」を毎年発行し、事業の透明性を高めるべきという考えに至る。このコンセプトに対し、１９９２年に地球サミット、１９９７年に京都議定書と、相次いで国際条約の採択を成功させた環境分野の国連機関「国連環境計画（ＵＮＥＰ）」が支持を表明する。

ＧＲＩは、サステナビリティ報告書という新たな報告書を作成させるためには、ＮＧＯと国際機関だけでなく、企業と監査法人の協力が不可欠と考えた。そして、ＧＲＩは企業と監査法人をメンバーに加える形でサステナビリティ報告書のフレームワーク作りを進め、２０００年に初版のガイドライン「Ｇ１」の発行を成功させる。

このガイドラインには、環境分野では、エネルギー消費量、水消費量、大気汚染物質排出量、廃棄物量、温室効果ガス（ＧＨＧ）排出量、生物多様性などが、社会分野では、労働慣行、労働安全衛生、教育研修、ダイバーシティ、採用といった人事情報の他、児童労働、強制労働、先住民族の権利、結社の自由、製品の安全性、健全な広告、プライバシー等の話が盛り込まれた。**日本では環境報告書が単独で取り上げられたのに対し、欧米では環境と社会をまとめたサステナビリティ報告書が提唱されていったのが大きな特徴だった。**

こうして環境や社会分野の情報開示では、まだどの国にも法規制がない状態で、法定の国際基準もないまま、企業とＮＧＯが主導した基準作りが生まれる素地ができていく。すると民間が主導していわば勝手に策定する基準を、各国政府が後追いでキャッチアップする、**「民間が先、政府が後」**という構図が形成された。財務会計の分野でも、当時は国際財務報告基準（ＩＦＲＳ）の整備がまだ道半ばであったことを考えると、サステナビリティ報告書の分野では一足先に国際基準ができていたことは、驚くべきことだと言える。

この動きは翌2001年にさらに顕著になる。その少し前の1997年に、京都議定書によって各国で二酸化炭素排出量を減らすことが決まったが、最も排出に責任のある企業が自社の排出量を計算するための肝心の算出ルールが決まっていなかった。そこで環境NGO世界資源研究所（WRI）と、多国籍企業のCEO約200人が1992年の地球サミット後に立ち上げたNGO持続可能な開発のための世界経済人会議（WBCSD）が、2001年に企業の排出量算出ルールを整理した「GHGプロトコル」を共同で策定する。策定作業には、ダウ・ケミカル、BP、ロイヤル・ダッチ・シェル、タタ・エナジー、東京電力等の大企業と監査法人が策定メンバーとして参加した。このGHGプロトコルは非常によくできていたので、その後各国政府が後追いで国内法化していき、約20年が経った今でも温室効果ガス排出量算出の世界憲法的存在として君臨し続けている。

こうして徐々にグローバル企業と国際NGOが国際社会の表舞台に登場してくるのだが、2000年代前半ではまだ、4分類の左側の考え方、「環境・社会への影響を考慮すると利益が減る」が、日本でも海外でも支配的だった。トリプルボトムラインに依拠するサステナビリティ報告書は、利益をさらに伸ばすという目的ではなく、批判の矛先をかわすための情報開示を目的としていたため、経営の主流派にいた経営陣や株主の支持を集めることはなかった。資本主義の担い手である機関投資家も、オールド資本主義の思想を持っていたため、サステナビリティ報告書に注目することも、評価することもなく、むしろ「余計なこと」とすら捉えていた。

２０００年代の前半には、日本と海外の大手企業は、ともにオールド資本主義の経済認識を持っていた。当時も一部のＣＳＲ関係者の間では、「日本のＣＳＲは本質的ではない」と批判する言論もあったが、今振り返れば当時の差はさほどのものではなかった。しかし、次章で見ていくように、２０００年代後半の欧米では、企業と投資家の間で、４分類の右側、つまり「環境・社会への影響を考慮することが利益を増やす」という考え方が、急速に大手企業と機関投資家の間で広がっていく。そして、欧米と日本はここから大きく違う道を歩み始める。

第３章　ＥＳＧとともに生まれたニュー資本主義

投資家という存在の大きさ

我々は資本主義の社会に生きている。以前は社会主義陣営という別の存在がいたのだが、1991年に冷戦が崩壊し、今や共産主義体制を取っている中国やベトナムですら、資本主義を受け入れている。資本主義を象徴する存在が「資本家」であり、今日では投資家や株主と言われる存在であることは多くの人が理解していることだろう。

資本主義の中でも、特に注目されるのが「アングロサクソン型資本主義」と呼ばれるものだ。「アングロサクソン型資本主義」をデジタル大辞泉で引くと、次のように書いてある。

米国・英国で典型的にみられる資本主義の形態。企業は金融市場から直接資金を調達し、株主利益の最大化を優先する。業績が悪化した場合は、株主価値を維持するために積極的に人員を削減するため、雇用は不安定になる。賃金制度では成果主義をとり、自己責任を重視。政治的には小さな政府を志向する。[4]

脱資本主義の人たちは、このアングロサクソン型資本主義を何十年もの間、批判してきた。しかしそれでも、アングロサクソン型資本主義は衰えることなく続いてきた。衰えるどころか、資本主義を受容した新興国の隆盛により、アングロサクソン型資本主義はむしろ広がっているとも言える。

新興国の中でも経済成長が著しいシンガポール、香港、インド、スリランカ、南アフリカ、ケニア、ナイジェリア、エジプトは、どこもイギリスの旧植民地だった国だ。これにアメリカ、イギリス、カナダ、オーストラリア、ニュージーランドというイギリスを出自とする先進国を加えると、経済大国はおおむねアングロサクソン型ということになる。中国でもメキシコでも、経済エリートたちは、こぞって米英のビジネススクールに通い、アングロサクソン型の経営を学ぶ。新興国の学生にとって、外資系金融機関に就職するのは一つの憧れだ。最近ではＧＡＦＡ（グーグル、アップル、フェイスブック、アマゾン）やスタートアップ企業への人気が高まっているが、彼らも資本主義を積極的に受容し、成長していこうとしている。

「機関投資家」とは誰か

では、あらためて資本主義の担い手と言われる「投資家」とはどのような人たちなのだろ

4　小学館「デジタル大辞泉」（アクセス日：２０２０年2月9日）

表1　世界の資産の状況

(単位：兆ドル)	2004年	2007年	2012年	2016年	2020年(予測)	割合
年金基金	21.3	29.4	33.9	38.3	53.1	19%
保険会社	17.7	21.2	24.1	29.4	38.4	14%
政府系ファンド(SWF)	1.9	3.3	5.2	7.4	10.0	4%
資産100万ドル以上の個人	37.9	50.1	52.4	72.3	93.4	33%
資産10万ドルから100万ドルの個人	42.1	55.8	59.5	67.2	84.4	30%
合計	120.9	159.7	175.1	214.6	279.3	100%
うち運用会社で運用している資産	37.3	59.4	63.9	84.9	111.2	40%

(出典) PwC (2017) Asset & Wealth Management Revolution: Embracing Exponential Changeを基に著者作成

うか。投資家には、個人投資家と機関投資家がいるが、個人投資家は誰でもイメージが湧きやすい。ベールに包まれているのは機関投資家だ。ヘッジファンド、ハゲタカファンド、ウォールストリート、プライベートバンク、アラブの石油王、ユダヤの陰の支配者。機関投資家にまつわる代名詞は数多（あまた）あるが、謎めいていて実態がイメージしづらい。そして、この「機関投資家」ほど、一般人のイメージと実態が著しくかけ離れているものはない。

表1は世界の資産運用額の状況を示したものだ。これを見れば、資本主義経済における投資家とは誰かがわかる。２０２０年の時点で、世界の資産の合計は２７９兆ドル（約３京円）。これには、株式だけでな

く、預貯金、土地、債券なども含まれている。

金融関係者の間で「機関投資家」と言えば、表の中の「年金基金」と「保険会社」を指すのは常識だ。この2つで資産全体の33％を構成する。年金基金も保険会社も個人から老後の資産を預かる形で資産を運用している。そのため資産の大元の出所は個人と言える。

政府系ファンドは、アブダビ、サウジアラビア、クウェート、ノルウェーなど産油国のものが有名だが、産油国以外では中国の中国投資有限責任公司（CIC）、シンガポールの政府投資公社（GIC）やテマセク・ホールディングス（TH）などの名前が知られている。しかしそれでも政府系ファンドの割合は全体の4％しかない。

残りは個人投資家だ。ただし、33％を構成する資産100万ドル（約1・1億円）以上の富裕層は別格の存在で、プライベートバンクが特別待遇の資産運用サービスを提供していることが多い。富裕層投資家のことを、金融機関では「ファミリーオフィス」と呼ぶ。残りの30％がいわゆる普通の個人投資家で、「リテール投資家」と呼ばれることが多い。

一方、一般の人がイメージしやすい銀行は、金融関係者の間で「機関投資家」と呼ぶことはまれだ。その理由は、銀行は融資を本業としていることと、規制により株式に投資することが制限されているためだ。銀行は融資以外の資産運用は債券（大半は国債）が中心になっている。またリーマン・ショック前までは、投資銀行や証券会社も自己資産（プロップという）で投資をしていたが、世界有数の投資銀行だったリーマン・ブラザーズが倒産し、リーマン・ショック後の規制強化により、投資銀行は自己資産での投資が原則できなくなった。そのため、今は機関投資家としての存在感はない。機関投資家には他に財団と呼ばれるものもあるが、市場規模は大きくない。

そして、機関投資家も個人投資家も、実際には資産運用をプロに任せていることが多い。このプロが担う企業が「運用会社」と呼ばれる業態だ。日本では、運用を専業にしている会社と、信託銀行が運用会社の役割を一つの事業としておこなっているケースの２パターンがある。

日本と世界の運用会社は？

日本の大手の運用会社には、三菱ＵＦＪ信託銀行、三井住友トラスト・アセットマネジメント、アセットマネジメントＯｎｅ、野村アセットマネジメントなどがある。一方、世界の上位は、ブラックロック、バンガード、ステート・ストリート・グローバル・アドバイザーズ、フィデリティ・インベストメンツと、上位４位はすべて米系が占める。あまりなじみのない人も多いかもしれないが、彼らがいわゆるウォールストリートの担い手たちで、「外国人投資家」と呼ばれ、日本の上場企業の株式も多数保有している。

運用会社が投資家から預かっている資産運用額は桁外れで、首位のブラックロックは約7兆ドル（約770兆円）、2位のバンガードは約5兆ドル（約550兆円）、3位のステート・ストリート・グローバル・アドバイザーズでも約2・5兆ドル（約275兆円）ある。米系には世界中の投資家から資産が集まる上に、海外展開も積極的にしているので、運用資産規模が大きくなる。もちろん3社とも日本に支社がある。それに比べ、日本最大手の三井住友トラスト・アセットマネジメントは約8000億ドル（約88兆円）で世界28位。[5] 日本は先進国ながら運用業界の規模は大きくない。また、機関投資家と言う場合には、年金基金と保険会社に加え、運用会社を含める場合もある。

だが、運用会社の運用資産額が巨大になるのは、投資家から預かった資産を運用しているからで、自分たちがたくさん資産を持っているわけではない。預けている投資家とは誰かというと、前述の通り、30％は一般のリテール投資家で、33％はこれまた年金基金と保険会社を通じた一般の人の老後資産なので、全体の約3分の2は一般の人のマネーだ。逆に富裕層と言われる人の占める割合は3分の1しかない。

アングロサクソン型資本主義は、株主利益を最優先にする仕組みが批判されてきた。しか

5　Pension & Investments（2019）「The P&I/Thinking Ahead Institute World 500」

し、その株主が誰かを辿っていくと、結局は一人ひとりの一般の人に行き着く。我々は自覚することなく株主になっており、この資本主義社会の推進者として機能している。したがって、**株主利益の最優先を誰が最も求めているかというと、一部の富裕層なのではなく、一人ひとりの労働者だということになる。**これが資本家の正体であり、資本主義の本質だ。

かつて社会主義国は、私有財産制を禁止したことでこの資本のサイクルを断ち切った。企業は資本家に支配される代わりに国家に支配された。同時に労働者は資本家ではいられなくなった。最終的に社会主義は行き詰まり、労働者の歓声とともに崩壊していった。

機関投資家には「受託者責任」がある

一般の人が資本家・株主であり、一般の人自身が企業に対して株主利益を最優先にする仕組みを構築していると言われたら、新たな疑問が湧いてくることだろう。「いや、我々は別に、株主利益を最大化するように求めた覚えはないよ」と。

たとえば、企業年金の仕組み。一昔前までは確定給付年金で、企業年金基金が知らない間に資産を運用していたが、最近では確定拠出年金になり、自分で運用ファンドを選択する方式に変わってきた。では、もともとの確定給付年金は一体どのようなファンドで資産を運用していたのだろうか。運用手法について年金加入者である我々から何らかの意思を伝えた記憶はないだろう。当然、政府に預けている国民年金と厚生年金だって、運用手法について希望を出した記憶はない。

確定給付型の企業年金も、国の公的年金も、何万人、何十万人、何千万人という年金加入者を扱っているので、いちいち年金加入者に運用手法の希望を聞いていられない。現実的に考えて無理な話だ。では、年金基金は資産運用を自由におこなえるのかというと、まったくそんなことはない。年金基金の運用者には、「受託者責任」という厳しい義務が課されている。受託者責任は英語では「フィデューシャリー・デューティー」という。

たとえば、年金基金にも適用される信託法の第30条には、「受託者は職務を遂行する際には、もっぱら受益者の利益を考慮すべきであり、自分自身や第三者の利益を図ってはならない」と書かれている。ここでの受益者とは年金加入者のことであり、年金基金は受益者の利益を最大化する義務があり、他人の利益のために行動してはいけないことが法的義務として定められている。これを「忠実義務」という。

また、信託法第29条には「ある地位や職責にあるものは、社会通念上期待される合理的な注意を払って職務を遂行しなければならない」と書かれている。すなわち年金基金の理事は忠実義務を果たすために職務において十分に注意しなければいけないことが法的義務として定められている。これを「善管注意義務」という。[6] それら忠実義務と善管注意義務の２つをまとめた呼び方が「受託者責任」だ。

法的義務である以上、もし年金基金が受託者責任を怠れば、損害賠償請求される可能性だってある。年金加入者の利益最大化を守らなければ、司法に裁かれうるということだ。この受託者責任は、年金基金だけでなく保険会社にも適用されるし、個人から資産を預かっている運用会社にも適用される。つまり、機関投資家は皆、自分たちが利益の最大化をしたいかどうかにかかわらず、利益の最大化が法的義務となっている。

機関投資家に受託者責任が課せられているのは、もちろん日本だけではない。世界の運用資産の多くが集まるアメリカでも、受託者責任は幅広く適用されている。というよりも、受託者責任という考え方は、信託という概念を生んだ英米法から持ち込まれたものだ。アメリカの企業年金に対しては、1974年に制定された「従業員退職所得保障法（通称エリサ法）」と、そのエリサ法を解釈したアメリカ連邦労働省の通知によって、細かく受託者責任の内容が決められている。具体的には、企業年金は「投資、議決権行使等において他事考慮の禁止」「利益相反のおそれがある行為の禁止」が明記されており、やはり年金加入者の利益を最大化することが法的義務となっている。[7] アメリカでは、各州政府も受託者責任について同様の規定を設けており、州公務員年金にも受託者責任が適用されている。[8]

トリプルボトムラインは投資家受けが悪かった

このような受託者責任を負っている人たちに、トリプルボトムラインから派生した「サステナビリティ報告書」は受けが悪かった。なぜなら、トリプルボトムラインは、利益ばかりを追求せずに、環境や社会への影響にも注意を払おうと主張していたからだ。利益を最大化することがミッションの機関投資家にとって、「利益ばかりを追求せずに」は受け入れることができなかった。

オールド資本主義の人々にとって、環境や社会の考慮が利益をもたらすのであれば、もちろん利益を最大化するために自然とそちらへと動く。しかし、環境や社会の考慮が利益を減らすのであれば、それを進めることはできない。

では、環境や社会の考慮が利益を減らすのか、それとも増やすのか。実際にはそれはケース・バイ・ケースのはずだ。しかし、脱資本主義の陣営から、「利益を追うな。環境・社会に配慮しろ」というメッセージが届けば届くほど、オールド資本主義の人たちはその声に耳

6　企業年金連合会（2018）「企業年金　受託者責任ハンドブック（改訂版）」
7　エリサ法は、その他分散投資を義務付けていることも大きな特徴。
8　厚生労働省年金局（2014）「受託者責任等について」

を傾けることができなくなっていった。

社会的責任投資とエコファンド・ブーム

〈第1の波〉酒・たばこ・ギャンブル・ポルノの排除

オールド資本主義にいる主流の機関投資家が、利益を最大化する投資運用を当然のように実施しているのを横目に、利益を最大化しないという流派もいることはいた。彼らが「社会的責任投資（SRI）」と呼ばれる投資行動をとる人々で、利益を最大化しないのに環境・社会を考慮していたため、私の4分類でいうところの「脱資本主義」陣営と相性が良かった。

SRIの歴史は古く、歴史を辿れば1920年代にその原風景を見ることができる。1920年代のアメリカと言えば、第一次世界大戦後の空前の好景気を謳歌しつつ、生活面では1920年から1933年まで禁酒法がアメリカ全土に導入されていた時代だ。禁酒法とは、アルコール飲料の製造、輸送、販売をすべて違法にするという壮絶なルールで、この人間社会で前代未聞の禁酒法が成立した背景には、キリスト教倫理が前面に押し出される、当時の特異なアメリカの社会情勢があった。

禁酒法の時代にキリスト教財団の間で、アルコール企業に対する投資を控える動きが広がった。キリスト教という宗教団体になぜ資産を運用する財団があるかと言うと、キリスト教には信者から多額の寄付を募る文化があるからだ。大昔には贖宥状（免罪符）というものを販売し寄付を集めすぎたため、カトリック教会から抗議運動（プロテスタント）が分派するという歴史もあったほどだ。今でも信者から寄付が集まるキリスト教は、集まった資産を財団という形にして株式や債券に投資し運用している。この財団が、アルコールのみならず、同様にキリスト教の教義に反するたばこ、ギャンブル、ポルノに関連する企業を投資対象から外していく動きが1920年代に広がった。

キリスト教財団に対しては、企業年金を対象としたエリサ法は適用されない。寄付金なので、信託でもない。そのため、キリスト教財団には通常の受託者責任の制約がない。したがって、たばこやギャンブルに投資していれば資産運用のリターンが増えたかもしれないが、宗教倫理という別の論理で特定分野を投資対象から外す行為がまかり通った。

〈第2の波〉武器製造とアパルトヘイトの排除

SRIの第2波は、1960年代から1970年代に訪れる。今度のテーマはベトナム戦争だった。全米で反戦運動が起こり社会現象ともなったこの時代に、公務員年金基金や大学基金などが、ナパーム弾や枯葉剤を製造・販売する企業の株式を売却する動きに出た。また、南アフリカのアパルトヘイトによる人権問題が大きくなるにつれ、またしても公務員年金基金や大学基金などが、南アフリカに進出する企業の株式を売却した。[9]

時同じくして、北欧でもキリスト教の教義に反するアルコール、たばこ、ギャンブル、ポルノを投資対象から除外する投資ファンドが設立されている。同様にイギリスでも、英国国教会やメソジスト教会が、経済的合理性ではなく倫理により特定企業への投資を排除する動きがあったことも確認されている。[10]

1980年代に、資産運用業界の本場であるアメリカでは、受託者責任に関する大きな規制改革が実施される。それまで企業年金は、投資先企業の経営に不満があるのであれば、株を売って株主をやめることで不満を解消すべしという「ウォールストリート・ルール」が適用されており、株主として議決権を行使して経営に介入することは禁止されていた。しかし、運用資産額が大きくなり、長期分散投資が必要になると、株を売却して不満を解消することが難しくなり、株主として経営に介入して不満を解消する必要が出てくる。そして1988年、エリサ法を所管する労働省が「加入者の利益のために議決権を行使することは資産運用行為に含まれる」という画期的な見解を発表し、議決権行使を解禁する。この見解は、エイボン社の企業年金からの質問に回答した書簡であったことから「エイボン・レター」と呼ばれている。

〈第３の波〉エコファンドの登場

そして１９９０年代に第３の波がやってくる。前述したように、地球サミットが１９９２年に開催。その影響を受け、環境破壊の評判のある企業には投資しないエコファンドがアメリカ、イギリス、北欧等で相次いで設立される。さらにミャンマーやカンボジアでの人権侵害問題や児童労働の話題が出てくると、人権侵害の評判のある企業には投資しないファンドも次々に登場した。

そして再び受託者責任が問題となる。ＳＲＩファンド専業の運用会社として１９７６年にワシントンＤＣで創業したカルバートは、企業年金資産を運用するに当たり、ＳＲＩファンドがエリサ法上の受託者責任に違反しないか心配になってくる。そこで労働省に問い合わせた。カルバートのＳＲＩファンドは、財務面で抽出した投資候補企業の中から、環境保全や健全な労働慣行に配慮した企業のみで投資ポートフォリオを構成していた。この問い合わせ

9　水口剛（２０１３）『責任ある投資』岩波書店

10　Bengtsson, Elias (2008)「A History of Scandinavian Socially Responsible Investing」*Journal of Business Ethics* 82:969-983

に対し、労働省は「同様の投資リスクがある他の投資ファンドと同じ程度の投資リターンが提供できるのであれば、受託者責任には反しない」と回答した。[11] あくまで受益者の投資リターンが最優先されながらも、同じリターンを出せさえすればSRIファンドはエリサ法には違反しない。すなわち受託者責任に反しないことが確認された。この通称「カルバート・レター」により、一部の公的年金等で、SRIファンドを採用する動きが多少出た。

日本にも来たエコファンド・ブーム

SRIファンドやエコファンドの動きは、アメリカからの情報キャッチアップが得意な日本の資産運用業界にも飛び火する。

1999年8月に日興アセットマネジメントが日本第1号のエコファンド投資信託「日興エコファンド」を個人投資家向けに設定（2003年2月には運用資産残高が380億円を突破）。翌月には、損保ジャパン・アセットマネジメント（現・損保ジャパン日本興亜アセットマネジメント）が「損保ジャパン・グリーン・オープン（愛称・ぶなの森）」を、さらにその翌月には、興銀第一ライフ・アセットマネジメント（現・DIAMアセットマネジメント）が「エコ・ファンド」、UBSグローバル・アセット・マネジメント（現・UBSアセット・マネジメント）が「UBS日本株式エコ・ファンド（愛称・エコ博士）」を、翌年にはUFJパートナーズ投信（現・三菱UFJ国際投信）が「エコ・パートナーズ（愛称・みどりの翼）」、朝日ライフアセットマネジメントが「朝日ライフSRI社会貢献ファンド（愛称・あすのはね）」、三井住友海上アセットマネジメント（現・三井住友DSアセットマネジメント）が「エコ・バランス（愛称・海と空）」を立ち上げる。[12] いずれも環境破壊の評判のある企業を投資除外したり、雇用・社会貢献活動で優れた企業に積極投資したりする投資戦略が用いられた。

その頃、企業は環境報告書作成ブームの真っ只中にいたため、環境の情報開示が進み出したタイミングでもあった。1999年から2001年の3年間は、まさにエコファンド大旋風となった。

たった3年で終わったブーム

カルバート・レターのような明確な基準のなかった日本の運用会社は、どのようにしてSRIファンドやエコファンド型の投資信託と受託者責任の折り合いをつけていったのか。答えはシンプルだ。投資信託は、事前にファンドの運用方針を定めた上で販売しているので、

11　Department of Labor（1998）「Advisory Opinion 1998-04A」
12　環境省（2003）「参考　我が国及びアジアにおける社会的責任投資の現状」『社会的責任投資に関する日米英3か国比較調査報告書』

その運用方針に従った状態で利益最大化を目指せばいい。そのため、エコファンドやＳＲＩファンドは、事前の運用方針の中で、環境配慮や人権配慮、もしくはアルコールやたばこ、ギャンブルなどへの投資除外を定めたのだ。この方法であれば、受託者責任に反することはない。

だが、日本のエコファンド・ブームはあっという間に幕を閉じる。２００１年にＩＴバブル崩壊が株式市場を襲ったのだ。もちろん、環境配慮とＩＴバブルには直接的な関係はない。しかし個人投資家は、エコファンドやＳＲＩファンドといえども、基準価額が急落しているタイミングでその投資信託を購入しようとは思わなかった。こうして3年間のエコファンド・ブームは突然終局を迎えた。

他にもエコファンドには問題があった。エコファンドは通常のファンドと比べ、管理費用がかさむ。従来型のファンドでは、上場企業の環境配慮状況や社会貢献活動の内容を吟味する必要はないのだが、エコファンドやＳＲＩファンドでは、このような調査を実施し、企業の状況をスコア化する人件費や外注費用が発生する。もちろん、エコファンドやＳＲＩファンドが追加コストを上回る高いリターンを出せば、投資パフォーマンスの良いファンドと言えるのだが、そこまでパフォーマンスを上げることはできなかった。最終的に残ったのは「エコファンドは儲からない」というイメージだった。

エコファンドやＳＲＩファンドを設定した日本の運用会社は、投資パフォーマンスについてどう考えていたのだろうか。それらの投資信託の目論見書には、環境や社会貢献に配慮することで最終的に投資パフォーマンスは上がると謳われていた。今となっては、この謳い文句が本気だったのか、単なる宣伝だったのかは知る由もない。しかし実態として、環境配慮や社会貢献配慮は、投資のプロではない個人投資家向けの投資信託商品として販売されていたが、同じ運用会社でも機関投資家向けの運用で採用される動きはほぼなかった。むしろ、ＳＲＩファンドやエコファンドに対しては、他のファンドマネージャーやエコノミストから個人投資家に儲からない投資信託を売っているのではないかという批判が出る始末だった。

ここから導き出される結論は、やはり当時の状況では、環境や社会貢献に配慮するのは余計なことであり利益に寄与しないので配慮すべきではないという、オールド資本主義の思考が強かったことだ。投資パフォーマンスが高いという鳴り物入りで登場したＳＲＩファンドとエコファンドは、日本ではブームとともに去った。では、海外のＳＲＩはどのような顚末（てんまつ）を迎えていくのか。実はそこに、今に至るＥＳＧ投資の萌芽が隠れていた。

国連責任投資原則（ＰＲＩ）の発足

２０００年に政府・国際機関・ＮＧＯ向けにＭＤＧｓ、企業向けには国連グローバル・コンパクトという2つの装置を動かし始めたアナン国連事務総長。そのアナンは2006年12月末を以て国連事務総長のポストを次の潘基文(パン・ギムン)に渡すのだが、その最後の年となる2006年4月に発足したのが「国連責任投資原則(PRI)」だ。PRIは、日本では2017年になってようやく存在が知られ始めるのだが、実はその出発点はそれより10年以上も前のことだったのだ。

PRIは、国連が初めて資本主義の本丸である機関投資家を対象に創設した活動だ。創設を推進したのは、国連グローバル・コンパクトと、「国連環境計画・金融イニシアチブ(UNEP FI)」という2つの国連機関。このうちUNEP FIは、本書で初めて登場する名前だ。しかしこのUNEP FIという存在を説明するためには、さらに14年も前の1992年にまで時を戻さなければならない。1992年は本書で何度も出てきているが、「国連環境計画(UNEP)」が地球サミットを成功させた年だ。国連事務総長はまだブトロス・ブトロス＝ガーリだった。

反グローバリズムの気運が勃興していく1992年。環境NGOは資本主義の象徴である金融機関を目の敵にしていた。しかし、1972年の発足当初から経済成長と環境保護の両立を目指していたUNEPは違うものの見方をしていた。地球サミットの前年に開かれた第16回UNEP管理理事会の議事録にはこのような記載がある。

財源に関しては、諸条約や法的義務を履行し、なかでもアジェンダ21を実施するためには国連機関が展開する国際的な活動を支えるためのファイナンスが必要となる。また、発展途上国が開発計画の中で持続可能性を埋め込むためには資金フローを議論する必要がある。[13]

アジェンダ21とは、翌1992年の地球サミットで採択される包括的で国際的な環境計画と開発計画を示した文書のことだ。ページ数は実に350ページにも及ぶ。内容は、貧困、健康、森林保全、生物多様性、海洋環境、有害廃棄物、先住民の役割、科学など多岐にわたる。このアジェンダ21を実施していくためには、環境対策や社会インフラ開発、技術開発のための資金が当然必要となる。ただし、UNEPには十分な資金がない。国連加盟国に新たに資金拠出を求めるのにも限界がある。UNEPが新たな資金源を求め着目したのが、民間の金融機関だった。

そこでUNEPは1991年、欧米系の主要銀行であったドイツ銀行、イギリスのHSB

13　UNEP（1991）「Proceedings of the governing council at its sixteenth session」

Cホールディングス、同じくイギリスのナショナル・ウエストミンスター銀行（1999年にロイヤルバンク・オブ・スコットランドの傘下に入る）、カナダロイヤル銀行、オーストラリアのウエストパック銀行に声をかけ、環境問題に対して銀行がどう貢献できるかを議論する会合を発足させた。そして翌1992年に地球サミットの場で「環境と持続可能な発展に関する銀行声明」という活動を発足させ、アジェンダ21の実現に向け銀行の自主的な協力を呼びかける署名活動を開始した。署名したのは、前述の銀行と、スイスのUBSとクレディ・スイス、ドイツの保険会社アリアンツ。その後も署名銀行は少しずつ増え、1994年にジュネーブで第1回会合を開催し、何ができるのかの話し合いが始まった。

次にUNEPは、積極的に保険会社を巻き込み始める。呼びかけに応じたのは、スイス再保険、ノルウェーのストアブランド、ゼネラル・アクシデント（現・アビバ）、三井住友海上火災保険などだった。彼らは検討を重ね、1995年に「環境と持続可能な発展に関する保険声明」を発足させる。損害保険ジャパンも発足時メンバーとして署名し、やや遅れて1997年には東京海上火災保険（現・東京海上日動火災保険）も署名した。同年には保険声明の会合が開催されるのだが、開催場所が京都議定書にあわせ東京だったことは、あまり知られていない。

1997年になると、「環境と持続可能な発展に関する銀行声明」は銀行以外の証券会社等にも署名の門戸を開くため「環境と持続可能な発展に関する金融機関声明」に改称。２０03年に金融機関声明と保険声明が統合し、国連環境計画・金融イニシアチブ（ＵＮＥＰ　ＦＩ）が誕生した。このＵＮＥＰ　ＦＩが後にニュー資本主義を作り出す台風の目となる。だが、このときそれに気付いている人はまだ誰もいなかった。

ニュー資本主義の幕開け

２００３年に誕生したＵＮＥＰ　ＦＩは、翌２００４年に時代を変える画期的なレポートを世に送り出す。レポートの名前は「社会、環境、コーポレートガバナンス課題が株価評価に与える重要性（マテリアリティ）」[14]。レポートを作成したのは、新たにＵＮＥＰ　ＦＩに加盟していた12の運用会社だった。ＨＳＢＣアセット・マネジメント、シティグループ・アセット・マネジメント、ＢＮＰパリバ・アセット・マネジメント、ＡＢＮアムロ・アセット・マネジメント、オールド・ミューチュアル・アセット・マネージャーズ、モーリー・ファンド・マネジメント（現・アビバ・インベスターズ）などに加え、日本からは日興アセットマネ

14　UNEP FI（2004）「The Materiality of Social, Environmental and Corporate Governance Issues to Equity Pricing」

ジメントが参加していた。

それまでのオールド資本主義の観点からは、環境課題や社会課題を考慮すれば投資パフォーマンスが下がってしまうのであれば、環境課題や社会課題を考慮すべきではない。しかしそれでも機関投資家に環境課題や社会課題を考慮することを求めていきたいのであれば、考慮することで投資運用利益が最大化できることを示さなければいけない。そうでなければ機関投資家を動かすことはできない。

そこで上記の運用会社12社で構成する「アセット・マネジメント・ワーキンググループ」は、「環境、社会、コーポレートガバナンス（ESG）」を考慮することで、株主価値を上げられるかどうかを判断することをミッションに置いた。証券会社11社に対し、11業種についてESGが株価に与える影響の調査を依頼し、報告内容を基に、本当に株主価値を上げられるかどうかを分析していったのだ。11社が出した結論は、「これらの課題を有効にマネジメントすれば、株主価値の上昇に寄与する。そのため、これらの課題はファンダメンタル財務分析や投資判断の中で考慮されるべきだ」というものだった。

この瞬間に、オールド資本主義思想に大きな楔（くさび）が打ち込まれ、「環境・社会への影響を考慮すると利益が増えるので、環境・社会への影響を考慮すべき」と考えるニュー資本主義が誕生した。

そこからアナン事務総長の動きは早かった。翌2005年の初頭にまず、アメリカのカルパース（カリフォルニア州職員退職年金基金）等の大手機関投資家20団体を招集し、機関投資家向けの投資原則を策定する構想を立ち上げる。そして、4月から8ヵ月間かけて、パリ、ニューヨーク、トロント、ロンドン、ボストンを訪問し会合を開催。現地で有力な機関投資家と投資原則の内容についてのディスカッションを重ねていった。さらに、法的な観点からも受託者責任に反しないかのお墨付きを得るため、大手法律事務所にも協力を仰いだ。白羽の矢が立ったのは、ロンドンに本社を置く巨大法律事務所のフレッシュフィールズだった。

ESG投資は受託者責任に反しないのか

フレッシュフィールズは、アメリカ、イギリス、フランス、ドイツ、イタリア、スペイン、そして日本の法域において、投資判断でESGを考慮することが受託者責任に違反しないかについての法的な分析を実施した。そして2005年10月にUNEP FIと共同で発表した報告書の中で、

企業の財務パフォーマンスをより確実に予想するためにESGを投資分析で考慮することは、すべての国において明白に許容されるだけでなく、議論の余地はあるものの（注：

受託者責任の観点から）要請されるべきだ。さらに、受益者の間の――明確なもしくは一定の状況では暗黙の――共通認識によって、特定の投資戦略を要求する場合は、投資意思決定でもESGを考慮してよい。[15]

と結論づけた。その上で、カルバート・レターで示されたように、先に財務情報で投資候補企業を抽出し、その後にESGを考慮して投資先企業を絞り込む投資戦略は、受託者責任に違反しないばかりか、必要であるとの立場を示した。これにより、UNEP FIはESGを考慮する投資原則について法的条件をもクリアすることができた。こうしてついに投資原則を発表するお膳立てが整う。

２００６年４月、国連責任投資原則（PRI）が発足する。PRIの内容は６つの原則で構成されており、内容は２００６年に策定されてから２０２０年の今まで一度も改訂されていない。

６つの原則は、すべてESGに関するものとなっている。最初の３つの原則の内容は、ESGを「投資先の企業分析と投資判断」「議決権行使とエンゲージメント」に活用し、さらに「投資先企業にESGに関する情報開示」を求めるというもの。そして残りの３つの原則は、この投資手法を「資産運用業界に働きかけ」「署名機関同士で協働し」「活動状況や進捗

表2　国連責任投資原則（PRI）の6原則

1．私たちは、投資分析と意思決定のプロセスにESGの課題を組み込みます。

2．私たちは、活動的な所有者になり、所有方針と所有慣習にESG問題を組み入れます。

3．私たちは、投資対象の主体に対してESGの課題について適切な開示を求めます。

4．私たちは、資産運用業界において本原則が受け入れられ、実行に移されるように働きかけを行います。

5．私たちは、本原則を実行する際の効果を高めるために、協働します。

6．私たちは、本原則の実行に関する活動状況や進捗状況に関して報告します。

状況をＰＲＩ事務局に報告する」というもの。ＰＲＩの最終目的とは何かという問いに対しては「受益者のために長期的な投資成果を向上させること」と、はっきり言い切った[16]（表2）。

ＰＲＩは、産みの親であるＵＮＥＰ ＦＩとは大きく異なる性質を帯びていた。ＵＮＥＰ ＦＩはただの「議論や研究の場」であるのに対し、ＰＲＩは署名機関に年次報告という厳しい義務を課した。これにより署名機関は「とりあえず署名して終わり」というわけにはいかず、毎年の報告のタイミングで、自分たちの状況をいやがおうでも振り返らなければならない仕組

15　UNEP FI (2005)「A legal framework for the integration of environmental, social and governance issues into institutional investment」

16　PRI (2006)「The Principles for Responsible Investment Launch Document (Japanese)」

みが埋め込まれていた。

　このＰＲＩの原則の中では、当然のように「ＥＳＧ」という単語が用いられ、この用語が確立。その結果、倫理的な観点が強く打ち出された社会的責任投資（ＳＲＩ）からのイメージの刷新を図る人々は、自然とＳＲＩではなく「ＥＳＧ投資」という言葉を用いるようになっていった。こうして、世界にＥＳＧ投資というニュー資本主義を代表する新たな概念が誕生した。

50署名機関で始まったＰＲＩ

　ＰＲＩが披露された署名式典では、なんと50もの機関投資家が初期メンバーとして署名した。まず年金基金や保険会社を指す「アセットオーナー」では、公的年金からカルパース、ニューヨーク州退職年金基金、ニューヨーク市年金基金、カナダのカナダ年金制度投資委員会（ＣＰＰＩＢ）とケベック州投資信託銀行（ＣＤＰＱ）、フランスの公的積立年金基金ＦＲＲと公務員付加退職年金機構ＥＲＡＦＰ、オランダの公務員年金ＡＢＰ、スウェーデンのＡＰ２、南アフリカの政府職員年金基金（ＧＥＰＦ）、イギリスの大学退職年金制度（ＵＳＳ）、国連合同職員年金基金などが、保険会社からはミュンヘン再保険、ストアブランドなどが署名した。どこも運用資産額の大きい機関投資家だ。また7月までにノルウェー政府年金基金GPFG、スウェーデン公的年金AP3、イギリスの環境庁年金基金なども署名した。

運用会社では、アビバ・インベスターズ、BNPパリバ・アセット・マネジメント、アムンディ、BMOグローバル・アセット・マネジメント、カルバート、アル・ゴア元アメリカ副大統領が創業したジェネレーション・インベストメント・マネジメントに加え、三井住友信託銀行（現・三井住友トラスト・アセットマネジメント）、三菱UFJ信託銀行、大和証券投資信託委託なども署名した。企業年金からは、国連グローバル・コンパクトに初期から加盟していた日本のキッコーマンの企業年金基金も署名した。また金融サービス提供企業としては、FTSEグループ、Vigeo（現・Vigeo EIRIS）、マーサーの3社が署名した。

こうしてPRIは、発足当初から欧米の有力なアセットオーナーを署名機関として迎え入れることに成功する。署名したアセットオーナーの運用資産総額は2兆ドルを超えるという悪くない滑り出しだった。だがそれでも、世界の運用資産全体からしたら雀の涙のような規模だ。その上、署名機関においても、ESG投資が本当に投資リターンを最大化させられるのか、まだ半信半疑の状態だった。特に日本の運用会社は、エコファンドの悪い思い出に支配されていた。たとえば、ESG考慮は株主価値を上げるという2004年のレポート執筆の一端を担った日興アセットマネジメントは、会社としての署名意思決定には時間がかかり、結局は２００７年10月まで1年半署名が遅れた。

この時点ではまだ、署名したアセットオーナーも運用会社も、運用資産の一部でしかＥＳＧ投資を試さなかった。署名した三井住友信託銀行、三菱ＵＦＪ信託銀行、大和証券投資信託委託の内部でも、推進していたのはごく一部の社員に留まり、会社全体としてはＥＳＧ投資への大きなシフトはなかった。ニュー資本主義の開幕は非常にささやかなものだった。

第４章　リーマン・ショックという分岐点

政府とNGOの対立が消えた

２０００年代の中盤になると、資本主義を取り巻く環境にも変化がみられた。シアトルであれほど衝突していた自由貿易推進政府とNGOとの対立が嘘のように消えていた。その要因についてはさまざまな側面があるのだろうが、その一つに新興国の経済発展を挙げることができる。ゴールドマン・サックスのBRICsのレポートでも示されたように、新興国は２０００年代に著しい経済成長を遂げた。すると、シアトルで暴動を起こした抗議活動家は、わかりやすい敵を見失ってしまう。

脱資本主義の考えでは、資本主義は発展途上国を虐げ続けるはずだったのに、資本主義によって発展途上国は豊かになっていったからだ。もちろん、発展途上国の中でも全員が一斉に豊かになったわけではなく、国内の格差が広がったことは否めない。それでも、資本主義は発展途上国にも恩恵をもたらすのではないかという期待感が広がっていった。

とりわけNGOが１９８０年代から猛烈に批判していた資源開発プロジェクトでの環境破壊では、発展途上国への資源開発に融資していた世界銀行が、環境や地域住民に配慮した融資基準を設け、基準を満たさないプロジェクトに対する融資を止めていった。その穴を埋めた民間の銀行も、１９９２年の地球サミットに触発されたNGOからの批判にさらされ、何か検討せざるを得ない状況に追い込まれていく。そして、2002年10月にオランダのABNアムロと、世界銀行グループの中で民間融資を担当する国際金融公社（IFC）を中心に、プロジェクトファイナンスの組成時に環境・社会観点でのアセスメントをおこなう自主規制ガイドラインの検討が始まる。

この活動は2003年6月に実を結ぶ。オランダのABNアムロ、アメリカのシティグループ、イギリスのバークレイズ、ドイツ州立銀行のウエストLBの4社が、IFCの協力を得て、プロジェクトファイナンス向けの環境・社会基準ガイドライン「エクエーター（赤道）原則」を採択。[17] 署名銀行はわずか半年で10を超え、日本興業銀行を前身の一つとするみずほ銀行も、日本の銀行として初めてこの年に署名した。こうしてNGOの批判の的だった資源開発プロジェクトでも、融資銀行による資源開発会社の指導が少しずつ始まった。

2000年代の中頃は、世界的に景気が良かった。先進国企業の積極的な新興国投資によって成長し豊かになった新興国の富は、米国債への投資という形でアメリカに還流した。アメリカには世界中から膨大なマネーが集まったことで、金利は低く収まり、それがさらにア

17　みずほフィナンシャルグループ「What are the "Equator Principles"?」（アクセス日：2020年2月13日）

メリカの資金循環を拡大させていった。ＰＲＩが発足した２００６年も、金融関係者の眼差しは、ニュー資本主義がささやかに幕開けしたというエピソードよりも、膨れ上がる資本市場に注がれていた。

そんなさなか、世界経済は突如として乱気流に巻き込まれる。２００７年8月、ＢＮＰパリバがサブプライムローンの証券化商品に投資していた3つのファンドの解約を凍結。ファンドから資金を引き出せなくなった投資家がパニックに陥る、いわゆる「パリバ・ショック」が起きた。ベアー・スターンズ（当時世界第5位の投資銀行）も資金繰りに行き詰まり、ＪＰモルガンにより救済買収。メリルリンチ（当時世界第3位の投資銀行）も同じくバンク・オブ・アメリカに救済買収された。そして、２００８年9月、リーマン・ブラザーズ（当時世界第4位の投資銀行）が、救済も買収もされることなく倒産した。「リーマン・ショック」が世界を襲った。

リーマン・ショックの破壊力は凄まじかった。２００８年11月にはアメリカの代表的な株価指数であるＳ＆Ｐ５００が２００７年の最高値から45％の大幅下落。個人が保有していた年金資産は22％も目減りした。株価よりもダメージが大きかったのは企業利益だ。急速な景気後退により、Ｓ＆Ｐ５００に採用されているアメリカ大企業５００社の総利益は、２００7年の最高値から約90％も減少。解雇が多発し、失業率は４・４％から10％へと一気に跳ね上がった。日本は先進国の中では比較的影響が少なかったと言われているが、それでも2007年度から2008年度にかけ上場企業の総利益は80％減少、非上場企業の総利益は86％も減少した。[18] 日本の失業率も4％から5・5％超へと上昇した。

日本企業は徹底したコスト削減

利益が減りそうになればコスト削減がおこなわれるのは世の常だ。しかも日本では、2006年に金融商品取引法により四半期決算義務化が完全導入された直後という最悪のタイミングだった。かつての日本は、上場企業であっても四半期決算制度はなく、半期決算制度のみだった。しかし情報開示の迅速性という理由で、2003年（東証マザーズのみ1999年）から証券取引所の自主ルールの形で東京証券取引所が段階的な四半期決算を義務化。2006年にそれが法定化されたタイミングだったのだ。

四半期決算制度が導入された日本では、リーマン・ショックにより2008年から利益見通しが急降下すると、上場企業は徹底的なコスト削減を素早く断行した。特に日本の四半期

18　東京商工リサーチ（2019）「『リーマン・ショック後の企業業績』調査」（アクセス日：2020年2月10日）

決算短信では業績予想を出すことが推奨されており、経営陣は次の四半期決算報告のタイミングまでに、なんとか利益創出の目処を立てておきたかった。そのため、新卒採用も中途採用も大幅に縮小され、ＩＴ投資は先送り。広告予算もＲ＆Ｄ（研究開発）予算も大幅に減らされた。

それ以上に、真っ先にコスト削減の標的となったのは、政府と経団連の呼びかけで始まったが、社内では「会社に貢献しないコスト」とみなされていたＣＳＲ予算だった。当然ながら社会貢献活動費は大幅カットされた。環境対策用に確保されていた予算も、経営企画部門から見れば好都合な削減対象となった。ＣＳＲ部門の人数も減らされた。こうして、２００３年に元年を迎えた日本のＣＳＲは、リーマン・ショックにより「暗黒の時代」へと突入する。

欧米ではサステナビリティ経営が勃興

しかし、欧米のグローバル企業はまったく異なる動きをみせた。深刻な不景気に陥った欧米でも、コスト削減は日本と同じように実施されたのだが、ＣＳＲ部門は存在が霧散するどころか、役割が大幅に拡大。経営に大きな影響を与えるミッションを担うようになっていく。

たとえば、ユニリーバは２００９年に社会や環境に関する項目に対し定量目標を設定した上で、それを対外的に公表するという行動に出た。ユニリーバには「リプトン」と「PG Tips」の２つの主力紅茶商品があるが、西ヨーロッパで販売する両商品の茶葉調達は、２０１０年までに環境認証の一つ「レインフォレスト・アライアンス認証」を取得し、２０１５年までには対象地域を西ヨーロッパだけでなく全世界に広げるという目標を定めた。

発表した目標は他にもたくさんある。調達するパーム油では、２０１５年までに環境認証を取得する。欧米向け主力３製品ブランドに使う卵については、２０１２年までに檻型の養鶏場ではなく放し飼いで育てる「ケージフリー卵」にする。二酸化炭素排出量は２００４年比で２０１２年までに25％削減する。健康促進のために食品の塩分をカットし、２０１０年までに日量で６グラム、２０１５年までに日量で５グラムに抑えられるようにする。これでも発表された目標のごく一部だが、設定したすべての目標について現状の数値を公表した。[19]

世界ナンバーワンの小売チェーンであるアメリカのウォルマートは２００７年、「サステナビリティ３６０」という行動計画を宣言する。そして、環境目標として、事業電力を再生可能エネルギーに１００％切り替え、埋立廃棄物ゼロ、自然資源と環境に配慮した製品の販

19　Unilever（2009）「Sustainable Development Overview 2009」

売の3つの柱を打ち立てる。同時にこれらの実現のために毎年5億ドルを投資すると表明。加えて、2015年までに既存店舗のエネルギー消費量を20％削減するなどの定量目標を定めた。事業のあり方を変えるために、NGOを委員として招聘（しょうへい）した検討委員会「持続可能な価値ネットワーク（SVNs）」も発足させた。[20]

スイスに本社を置く食品グローバル企業のネスレは2008年、CSR報告書の名称を、前年までの「Concept of CSR」から「Global Creating Shared Value Report（邦訳：グローバル共有価値の創造レポート）」に改めた。改称の背景についてネスレのCEOは、「当社が長期的な事業の成功を作り出すためには、株主価値と社会価値を同時に創出しなければならない」と説明した。そして、株主価値と社会価値を両方伸ばすために不可欠な項目として、栄養、水資源、農村の発展の3つを宣言。同時に、この時点では定性的な内容ではあったが、株主と社会の双方のニーズを満たすために、事業をどのように変革しなければいけないかという将来像を明確に設定した。[21]

このように、リーマン・ショックを機に、批判をかわすためだったはずのCSRにおいて、定量目標を設定したり、企業の長期的ゴールの実現のための課題設定へと変化させたりしたグローバル企業は、この3社だけではない。冒頭で紹介したスターバックスが、コーヒー豆の調達やプラスチック消費の削減で初めて長期的な目標を設定したのも、同じく200

８年だった。スペイン企業を対象にした学術研究によると、ＣＳＲ報告書を発行する大企業の割合がリーマン・ショック前の40％から、リーマン・ショック後は51％へと増えた。[22]一方、上辺だけの欺瞞だとみなされやすい、事業と無関係な社会貢献活動は予算が減らされた。[23]社会貢献活動の意味と取られやすいＣＳＲという言葉そのものもアメリカでは徐々に使われなくなり、「サステナビリティ（持続可能性）」に置き換わっていった。

見えないリスクを掘り出す

リーマン・ショックという厳しい経営環境のタイミングで、なぜこのようなＣＳＲの変質が始まったのか。キーワードは、「自社のサステナビリティ」と「社会的信頼の回復」の２つだ。

そもそも、サステナビリティという言葉は、それまでは１９８０年代に開発学の中で登場

20　Walmart（2008）「2007-2008 Sustainability Progress Report」
21　Nestlé（2008）「Global Creating Shared Value Report – English 2008」
22　García-Benau, María Antonia et al.（2013）「Financial crisis impact on sustainability reporting」*Management Decision* 51(7):1528-1542
23　Lauesen, Linne Marie（2013）「CSR in the aftermath of the financial crisis」*Social Responsibility Journal* 9(4):641-663

し、1992年の地球サミットで有名になった「持続可能な開発」から来た用語だ。企業にとっては、サステナビリティは、企業自身にかかわる話ではなく、企業の外側にある地球環境や地域社会の話として理解していた。しかし、リーマン・ショックで巨大な銀行が相次いで経営危機を迎えたことで、経営陣は企業そのものの「サステナビリティ」に不安を覚え始める。**リーマン・ショックがいきなり世界中の金融機関を襲い、会社が持続可能でなくなったように、自分たちが気付いていない、見えていないリスクがどこかに潜んでいるのではないか。**経営陣たちは、ありとあらゆるリスクを掘り出して、自分で納得しなければ気が休まらない状況へと追い込まれていった。

また、リーマン・ショックでは大量のリストラも余儀なくされ、大企業は社会的な信頼を大きく失墜させた。ニューヨークのウォールストリートでは、連日のように傲慢な経営を続けた金融機関を非難する大規模なデモ行進が繰り広げられ、一度は消えていた「脱資本主義」の気運が再び頭をもたげていた。大企業は、社会からの信頼を取り戻さなければ企業として生き残れないと再認識し、社会価値と環境価値を高めつつ、同時に株主価値を追求しなければいけないという考え方に自然と行き着いていく。

企業の最高財務責任者（CFO）も、省エネ・省資源を進めることは長期的なコスト削減につながるという感覚を持つようになった。CFOがサステナビリティへの意識を持ち始めたことは、企業経営において大きな変化となった。

こうして、環境や地域社会と共存した上で企業を存続させ利益を拡大していくという「サステナビリティ経営」の考え方が、欧米のグローバル企業では、誰から強制されることもなく、自然と息づいていくことになった。それは2006年に機関投資家がPRIの中で打ち出したESG投資とまったく同じ方向を向いていた。リーマン・ショックを機に、欧米の機関投資家とグローバル企業は、サステナビリティ経営とESG投資という2つの翼を手にし、ニュー資本主義へと大きく羽ばたいていった。

リーマン・ショックから3年後の2011年、著名誌「ハーバード・ビジネス・レビュー」に一つの興味深い論文が出る。著者は、マーケティング論で有名なハーバード大学のマイケル・ポーター教授だ。

この論文のポイントは、これからの企業には、社会貢献活動としてのCSRではなく、企業の長期的成長のための新たなアクションが必要というもので、ポーター教授はこれを「共有価値の創造（CSV）」と名付け、この論文のタイトルにもなった。しかし、この「共有価値の創造」の命名は、ポーター教授のオリジナルではない。少し前に紹介したように、スイスのネスレが2008年からCSR報告書の名称として新たに打ち出したのが「CSV」だった。ポーター教授は、ネスレのアイデアをコピーしたのだ。

実際にポーター教授は、この論文の中で「GE、グーグル、IBM、インテル、ジョンソン・エンド・ジョンソン、ネスレ、ユニリーバ、ウォルマートはCSVを始めている」と書いている。[24] ハーバード大学のマーケティングの教授が動きを察知するほど、当時起きたサステナビリティ経営への転換という潮流は大きなものだった。

だがニュー資本主義到来の動きは、日本でほとんど紹介されることはなかった。CSRを「余計なもの」と捉えていた日本の金融機関や企業経営者にとって、グローバル企業の「サステナビリティ報告書」への関心は低く、サステナビリティ経営への変化に気付く者は少なかった。「CSRの本は売れない」と言われていた時代に、メディアが関心を寄せるテーマでもなかった。

その頃、日本企業は目先のコスト削減に明け暮れ、国内の同業他社ならまだしも、海外の同業他社の状況に思いを馳せる人は少なかった。同様に、法令ではなく、自発的に発生した経営スタイルの変化に対しては、日本の省庁も疎かったため、政府主導の旗振りという動きが出てくることもなかった。

誰にも読まれないCSR報告書

暗黒時代に突入した日本企業のCSRは、そこから約10年間、ほぼ変わらない月日を過ごしていく。

ＣＳＲ部門の業務は、毎年発行する「ＣＳＲ報告書」の作成に1年の約半分を費やす。毎年1月頃にその年の報告書の構成やデザイン、強化ポイントについてＣＳＲ報告書制作会社との打ち合わせが始まるのだが、書くネタやデータを各部門や子会社から集め、実際に執筆をするのに、かなりの時間がとられる。とりわけ、ＧＲＩが２００６年に第３版のガイドラインを出すと、制作会社が「ＧＲＩに準拠したＣＳＲ報告を作りましょう」と持ちかけた。ＧＲＩ第3版（Ｇ３）に記載されている開示推奨項目には、原材料、エネルギー消費量、水消費量、生物多様性、排ガス・廃水・廃棄物、製品安全性、男女別従業員数、労災、教育研修、男女差別禁止、児童労働、賄賂防止、地域社会との関わりなど、全部で97項目もあるため、各部署からのデータ収集だけで膨大な時間を要した。

ちなみにＧＲＩのガイドラインは、自社にとって重要な項目に絞って報告すればよいと規定していた。しかしＣＳＲを社会貢献として扱っていた日本企業では、「当社にとってすべての社会貢献活動が大切です」が建前だった。そのため重要項目と非重要項目を分けること

24　Porter, Michael E. and Mark R. Kramer（2011）「Creating Shared Value」*Harvard Business Review* 89, nos. 1-2 (January–February 2011): 62–77.

などできるはずもなく、全97項目を報告するしかなかった。オールド資本主義の中にいた日本企業の経営陣は、会社に貢献しないＣＳＲの報告書にはほぼ関心がなかったので、ＣＳＲ担当者が報告書の内容に関して承認をとる際、「国際ガイドラインでこう定められています」と説明できるのは都合がよかった。この点、自分たちでものごとを判断することはあまり得意ではないが、政府や国際的な団体が決めたことは愚直に遂行するという日本人の生真面目さが表れていた。

ＣＳＲ報告書を書いていない7月から12月頃にかけては、細々と残っている社会貢献活動や環境啓蒙活動が業務内容だった。また大量に印刷した報告書を社外に配りに行ったりもした。本当は、日本の機関投資家がＣＳＲ報告書を欲しがってくれればよかったのだが、エコファンドの悪い思い出を引きずるオールド資本主義の機関投資家は、ＣＳＲ報告書に興味がなかった。そのため、印刷した報告書を社員に配って消化する企業が多かった。関係者の間では、「エコを推進するＣＳＲが一番無駄な印刷物を作っているよね」と皮肉を言い合っていた。

1年に1つブームが起こる日本のＣＳＲ

２０１０年頃からは、ちょうど1年に1テーマが海外からやってくる。それぞれのテーマは、本書の読者の方にはなじみが薄いと思うので、少し見ていこう。

２０１０年には、ＩＳＯ（国際標準化機構）で社会的責任規格のＩＳＯ２６０００が決まる。この規格は自主的に参照すればよいものであって、特段遵守する必要もないものなのだが、２０００年前後に話題を呼んだ環境マネジメント規格ＩＳＯ１４００１の記憶が残っていたＣＳＲ部門は、ＩＳＯという響きに引き寄せられ、ＣＳＲ報告書をＩＳＯ２６０００のフォーマットに合わせなければいけないと考えた。そして、報告書の構成をＩＳＯ２６０００のフォーマットに合わせたり、ＩＳＯ２６０００を参照していることを示す対応表を作ったりした。結果、ＩＳＯ２６０００を参照した企業の数は、世界で日本が一番多くなった。

２０１１年には、前述のマイケル・ポーター教授のＣＳＶがＣＳＲ部門では話題を呼び、セミナーが多数開催された。しかし最も忙しかったのは、この年に発生した東日本大震災で、ＣＳＲ部門は被災地支援の窓口となり、その対応に追われた。日本では寄付や社会貢献活動という文脈で、ＣＳＲがスポットライトを浴びた。

２０１２年には、「紛争鉱物対応」を迎える。この波はアメリカから来た。２０１０年にアメリカでドッド＝フランク法ができ、２０１２年に証券取引委員会（ＳＥＣ）がその詳細ルールを定めた。この法律で、コンゴ民主共和国では開発された鉱物が内戦の資金源になり、人権侵害を引き起こしているので、アメリカで販売する製品には、同国産の金、すず、タンタル、タングステンの4品目を原材料に使うことを禁止した。そのためアメリカに販路のある日本の電機メーカーは、自社製品に同国産の4品目が使われていないかをチェックするため、サプライヤーに連絡をとりまくった。

2013年には、欧米でサステナビリティ経営が隆盛してきたことを受け、GRIが第4版のガイドライン「G4」を発行し、サステナビリティ報告書の位置づけは、企業の長期的成長に資する非財務情報を開示するものという性格が色濃くなる。そのため企業は、自社の事業の長期的成長にとって優先度の高い環境・社会項目を、できる限り合理的な方法で定めなければならなくなった。

しかし、CSR部門が経営会議に「当社の主要事業にとっての重要項目を決めてください」と持ち込んだところで、経営陣は、事業課題と環境・社会課題は別物と捉えていたため話が前に進まない。結果、ほとんどの日本の大企業では、「環境や社会の各項目はどれも当社にとって大事なので、優先順位は付けられません」という対応になった。スターバックスが重要項目で定量目標を設定し、ウォルマートが年間5億ドルの投資を進めていた中、日本の大企業の大多数は重要項目を設定することも、ましてや定量目標を設定することもできなかった。

2014年には、別の国際団体から、国際統合報告フレームワーク〈IR〉というガイドラインが発表される。このガイドラインの趣旨は、「環境・社会への影響を考慮すると利益が増える」というニュー資本主義の観点から、財務数値を報告する財務報告書と、サステナビリティについてまとめたサステナビリティ報告書が別々になっているのはおかしいので、財務とサステナビリティを統合して考えて一つの報告書にまとめようというものだった。主導したのは、欧米のグローバル企業、機関投資家、監査法人だった。日本企業もごく一握りの企業が積極的に策定プロセスに参加したが、多くの企業は〈ＩＲ〉が最終発表されてから、その存在を知った。しかし財務とサステナビリティが相変わらず別物であった日本企業では、２つの報告書を統合するのではなく、1冊の報告書の中の前半が財務報告書、後半がＣＳＲ報告書というような「合冊報告書」になってしまった。

２０１５年には、イギリスで現代奴隷法が制定される。この法律は、サプライチェーンが強制労働に関与していないかを企業がチェックするよう義務付けたものだ。イギリスに現地法人がある日本企業も適用対象となったので、コンプライアンスの一環として、ＣＳＲの担当業務となる。「企業人権ポリシー」を策定し、現代奴隷報告書にその旨を記載する仕事をこなしていった。

この年の12月にはパリ協定が採択されるのだが、パリ協定には、企業に何かを義務付ける規定はなかった。そのためＣＳＲ部門の関心は低かった。またその年の9月には国連持続可能な開発目標（ＳＤＧｓ）が採択されるのだが、こちらも企業に義務を課すものではない上に、国連という遠い存在での出来事だったので、ＣＳＲ部門では当時、話題にすらのぼらなかった。

このように２０１０年代に入り、ＣＳＲ部門は、毎年ＣＳＲ報告書を作成し、環境啓発セミナーを開催しながら、一つずつ国際ガイドラインや海外の人権法令に対応していた。しかしオールド資本主義にいる経営陣から見ると、利益が減るのに環境や人権の話ばかり持ってくるＣＳＲの主張は「脱資本主義」にしか聞こえず、あまり相手にしなかった。ＣＳＲ部門の人は、頻繁に開催される社外セミナーで他社の同業者と顔を合わせる度に、「どうしたら経営トップの関心を高められるのだろうか」と同じ気苦労を共有していた。

一方、欧米のグローバル企業では、２０１０年から２０１５年までの間に、いよいよニュー資本主義が主流になっていく。機関投資家の間でも国連責任投資原則（ＰＲＩ）の署名機関が急増、気候変動の話題も頻繁に登場し、ＥＳＧ投資が本格化していくのだが、当時からこの動きを察知していた日本人はごくわずかだった。

第5章　ニュー資本主義の確立

国連責任投資原則署名機関は9年で1400に

2006年に国連責任投資原則（PRI）が発足。そしてリーマン・ショックを機にサステナビリティ経営が始まると、欧米ではオールド資本主義からニュー資本主義へのシフトが徐々に盛り上がりをみせる。それを端的に表すのが、PRIの署名機関数の伸びだ（図2）。2006年に50の機関投資家でスタートしたPRIは、その後年々増え続け、2015年には約1400機関にまで到達。署名したアセットオーナーの運用資産総額は2兆ドルを超え、運用会社も加えると約5兆ドルという悪くない滑り出しだったが、2015年には約60兆ドルまで12倍にも増えた。

もちろん、この60兆ドルすべてがESG投資によるものではない。しかしそれでも、PRIに署名し、ESG投資に関心を寄せた機関投資家の数[25]が1400機関へと28倍にもなったことは紛れもない事実だった。

PRIによるニュー資本主義の勃興は、数だけでなく新たな署名機関の顔ぶれからも窺い知ることができる。世界の年金基金の資産規模ランキングで上位10位以内のところでは、カリフォルニア州職員退職年金基金（カルパース）、ノルウェー政府年金基金GPFG、カナダ年金制度投資委員会、オランダ公務員年金ABP、オランダ厚生福祉年金基金PFZWが

図2　国連責任投資原則（PRI）発足から2015年までの署名機関数の推移

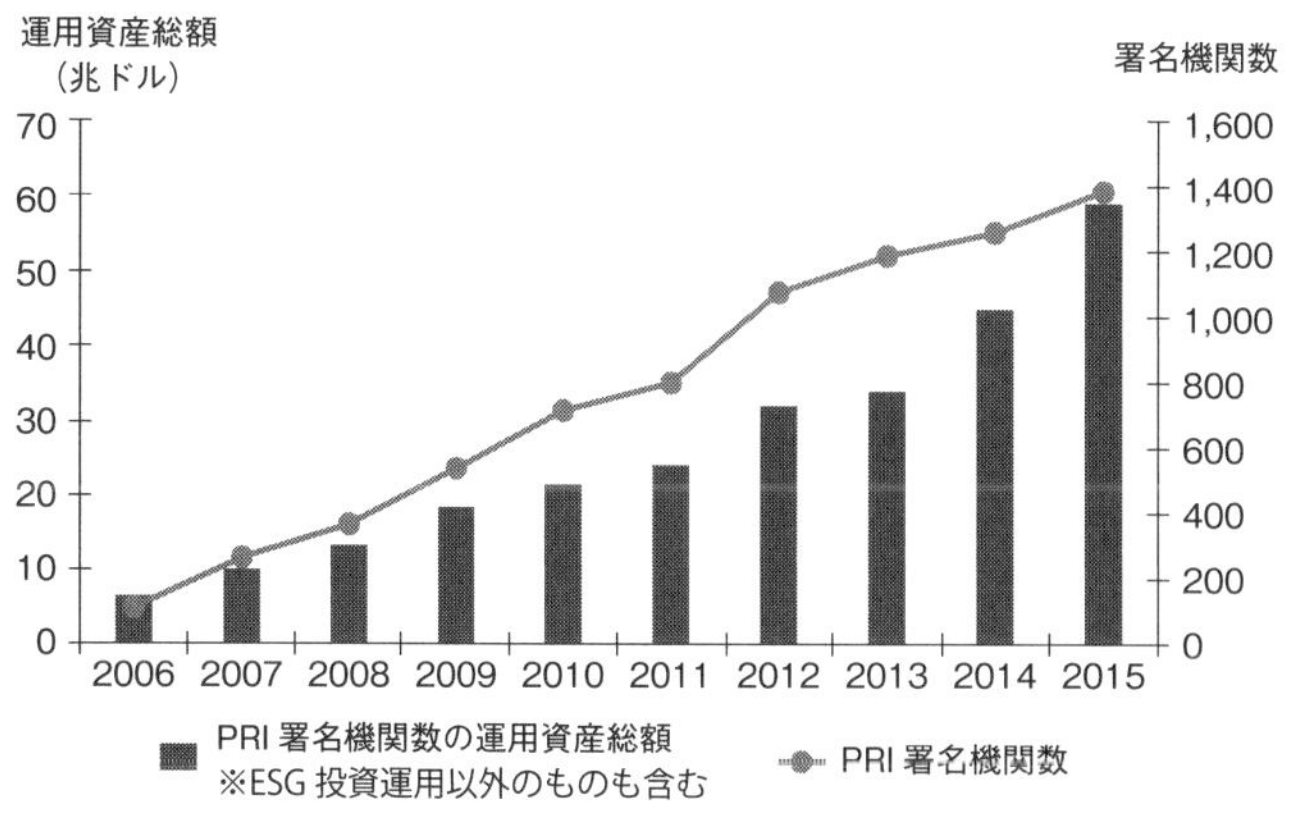

（出典）PRI「PRI Fact Sheet 2015」を基に著者邦訳

２００６年に、カリフォルニア州教職員退職年金基金（カルスターズ）が２００８年に、韓国の国民年金基金が２００９年に署名。２０１４年時点で未署名のところは、日本の年金積立金管理運用独立行政法人（ＧＰＩＦ）、中国の全国社会保障基金、シンガポールの中央積立基金の３団体のみとなっていた。

保険会社大手は、欧州勢が早かった。運用資産ランキング10位以内の保険会社では、イギリスのリーガル&ゼネラルが２０１０年、ドイツのアリアンツが２０１１年、フランスのアクサが２０１２年に署名。米系のプルデンシャル、メットライフ、バークシャー・ハ

25　実際には、金融サービスプロバイダーの数も含む。

図３　リーマン・ショック後の変化

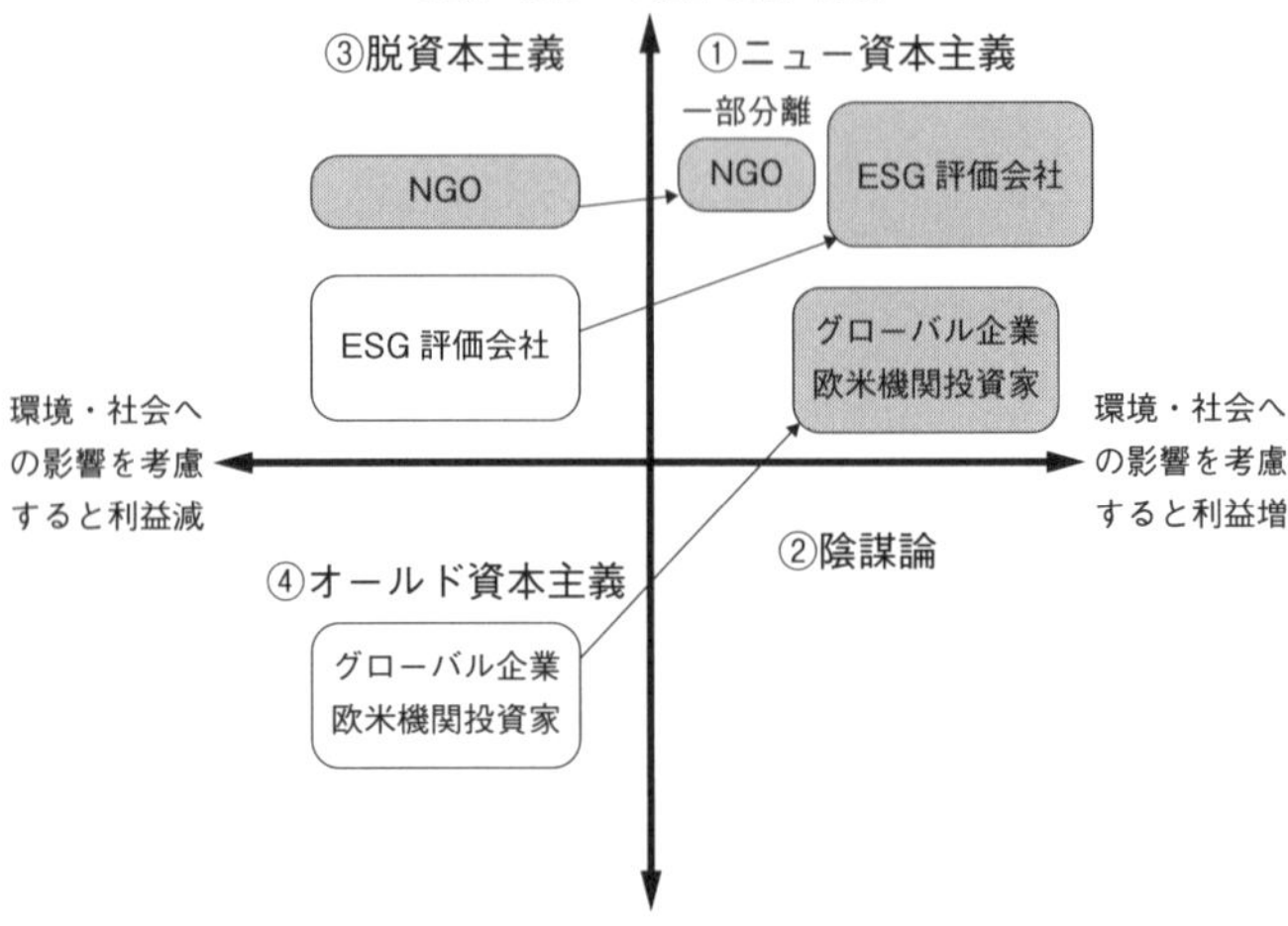

（出典）著者作成

サウェイや、日本のかんぽ生命と日本生命は10位以内に入っていたが、２０１４年の時点では未署名だった。

　運用会社大手では、アムンディが２００６年、ＪＰモルガン・アセット・マネジメントが２００７年、世界最大の運用会社ブラックロックが２００８年と非常に早いタイミングで署名。続いて、ノーザン・トラスト・アセット・マネジメントが２００９年、キャピタル・グループが２０１０年、ピムコとゴールドマン・サックス・アセット・マネジメントが２０１１年、ステート・ストリート・グローバル・アドバイザーズとリーガル＆ゼネラル・インベストメント・マネジメント、ウェリントンが２０１２年、世界第

２位のバンガードが２０１４年に署名した。運用会社はほぼ米系が上位を独占している市場だが、米系の運用会社のほとんどが立て続けに署名していった。

　このように、２００６年にささやかに幕を開けたニュー資本主義は、２０１４年までの間に機関投資家サイドから急速に強まっていく。だが、もともとは彼らもニュー資本主義やＥＳＧ投資には半信半疑であったはずだ。なぜここまで急速に経済の潮流が変化したのだろうか。それを理解するには、機関投資家がＥＳＧ投資という戦略を採るために克服しなければいけなかったハードルを見ていく必要がある。

ＳＲＩファンドとＥＳＧの違い

　ＥＳＧ投資とは、投資先企業のＥＳＧの状態を考慮した投資手法だ。だが、実際に環境や社会の何をどのように考慮すればＥＳＧ投資と呼べるのだろうか。

　投資家は元来、投資先企業を分析する際に、企業の売上成長率、利益成長率、市場全体の伸び率、マーケットシェア、財務の健全性といったデータを集め、さらに株価収益率（ＰＥＲ）、自己資本利益率（ＲＯＥ）等の専門的な指標に着目し、投資先企業の株価の見通しを弾き出してきた。これが可能なのは、上場企業には、会計基準という統一のルールに則り財務データを計算し、さらに開示することが義務付けられているからで、投資家は比較可能なデータを簡単に入手できる。

しかし、ＥＳＧ投資にはこれが２つの意味でスムーズにはいかない。まず、そもそも企業比較をするための分析データがない。その上、ＥＳＧ投資を実行するには、「環境対応に優れている」「社会への配慮レベルが高い」といった抽象的な話を、なんとか定量的に比較できる状態にしなければならない。

そして２つ目の難題は、企業の長期的価値創造に資する重要項目を見定めることだ。ＥＳＧ投資は、受託者責任によって、環境・社会を考慮した上で従来型の投資と同等以上の投資パフォーマンスを出すことが義務付けられている。そして投資パフォーマンスを高くするには、環境・社会に関する情報を闇雲に集め、分析しても意味がない。闇雲にではなく、その会社の将来の収益性、競合優位性、成長力等に資するような項目を、各業種もしくは企業ごとに特定した上で、その項目を分析しなければならない。

これらの難題を克服しなければ、ＥＳＧ投資は機関投資家にとって魅力的な手法にはなれない。その努力は、１９９０年に社会的責任投資（ＳＲＩ）の時代から始められていた。

SRIインデックスの登場

世界で初めて、これらの難題にチャレンジしたのが、アメリカ・ボストンに本社のあった金融リサーチ会社ＫＬＤ（キンダー・ライデンバーグ・アンド・ドミニ）だ。１９９０年に環境や社会項目を考慮した世界初の株式インデックス「ドミニ４００ソーシャルインデックス」を開発する。ちなみに、株式インデックスとは、有望な投資先企業を抽出し、各社に何パーセントずつ投資するかの配分を決めたパッケージ商品のようなもので、機関投資家向けに販売されている。「ドミニ４００ソーシャルインデックス」は、上場企業の中からＥＳＧに配慮しているとＫＬＤがみなした４００社だけを抽出したパッケージだった。

ではは具体的にどのようにして４００社を選んだのか。そこには、ＫＬＤの創業者の一人であるエイミー・ドミニの産みの苦しみを垣間見ることができる。

まずアメリカの上場企業の中で時価総額の大きい５００社を集めた「Ｓ＆Ｐ５００」の企業を母集団とし、そこからアルコール、たばこ、ギャンブル、軍事、原子力発電に関連する企業や、アパルトヘイト問題のあった南アフリカで事業をしている企業を除外すると、２５０社が残る。ここではアルコール、たばこなどが除外されたが、それは当時のＳＲＩの担い手がキリスト教財団だったことが大きく関係している。次にＳ＆Ｐ５００には入っていないが、ＫＬＤが、環境、労使関係、ダイバーシティ、コミュニティ投資、人権、環境の状況を独自に定量スコア算出した上で、一定の基準をクリアした大企業１００社と、スコアが非常に高かった中小の上場企業50社の計１５０社を選んだ。この手法で４００社を選びだした。[26]

しかし当時は、企業が環境や社会に関する項目に対し開示が少なかった時代だった。ＫＬＤは新聞報道などから手探りでデータを集めていた。

一方、インデックス開発会社大手で、「ダウ平均株価」で有名なダウ・ジョーンズ・インデックス（現・Ｓ＆Ｐダウ・ジョーンズ・インデックス）は、１９９９年に「ダウ・ジョーンズ・サステナビリティ・インデックス（ＤＪＳＩ）・ワールド」を発表し、先進国の大企業を投資対象とするＳＲＩインデックスをリリースする。ただし、ダウ・ジョーンズ自身にはＥＳＧ調査をおこなうノウハウがないため、調査はＳＲＩ専業の運用会社としてスイスで創業したＳＡＭ（サステナブル・アセット・マネジメント）に委託した。

ＳＡＭは、調査対象の大企業に調査票を送り、企業から直接情報を収集する手法を思いつく。設問項目の構成は、全業種共通が70％、業種特有のリスクに関する設問と業種特有の事業機会に関する設問が残り15％ずつ。その回答を基にＳＡＭが定量スコア化し、ダウ・ジョーンズに提供した。ダウ・ジョーンズはＫＬＤと同様に、たばこ、アルコール、ギャンブルは投資除外しつつ[27]、スコアの高い大企業が全体の80％、スコアの高い中小の上場企業が20％となるようにインデックスを作成した。

当時、ＥＳＧデータの収集はいくぶん荒削りだったが、それでもキリスト教財団などではＳＲＩのニーズが一定数あり、１９９０年代にアメリカではＳＲＩファンドがやや盛り上がった。ＳＲＩインデックスの数は、１９９０年にドミニ４００ソーシャルインデックスの１本だったが、ダウ・ジョーンズがＤＪＳＩを作る頃には10本にまで増加した。さらに２００1年には61本に、２００５年には77本へと増えた。[28] ＳＲＩファンド運用額も、１９９５年の６４００億ドルから、１９９７年に１・２兆ドル、１９９９年には２・２兆ドルへと伸びた。だが、ちょうど市場全体の10％を占めたあたりで頭打ちとなり、そこからは停滞した。[29] オールド資本主義が主流の時代にＳＲＩファンドに手を出したのは、経済合理性ではなく倫理的な判断で投資意思決定ができたキリスト教財団や一部の公的年金だけだったからだ。

26　ドミニ４００ソーシャルインデックスの投資パフォーマンスは、１９９０年代後半から２０００年代初期については、一般的な投資を運用パフォーマンスで上回り、案外投資パフォーマンスは良かった。その要因は、その頃他の投資家も同時に、たばこなどの企業の株式を売る動きが出て株価が下がる中、それらの企業を投資除外していたドミニ４００ソーシャルインデックスは、その株価下落の影響を受けなかったからだと言われている（２００７年の内閣府レポート「新たな成長に向けた日本型市場システム・企業ガバナンスのあり方についての調査・研究」）。

27　内閣府（２００７）「新たな成長に向けた日本型市場システム・企業ガバナンスのあり方についての調査・研究」

28　日興フィナンシャル・インテリジェンス（２００８）「ＳＲＩ指数の現状」

29　内閣府（２００７）「新たな成長に向けた日本型市場システム・企業ガバナンスのあり方についての調査・研究」

ESG評価機関の創始者たち

無謀とも思われた企業のESG評価という難題に立ち向かった人たちの人物像も紹介したい。彼らは総じて、投資パフォーマンスを上げるという観点よりも、倫理を意識した「脱資本主義」に惹かれた人々だった。

たとえば、ドミニ400ソーシャルインデックスの名前にもなった、KLDの創業者の一人であるエイミー・ドミニは、かつて運用会社で勤務していた際に機関投資家から「軍事会社には投資したくない」という要望を聞いたのを機に、SRIファンドというアイデアを着想。1989年にKLDを創業する。SAMを創業したレト・リンガーも、SRIファンドは投資パフォーマンスが高いか否かという観点よりも、投資手法の倫理性に魅せられていた。カナダでも2000年、ESG評価会社ジャンツィがESGスコアをダウ・ジョーンズに提供する形で「ジャンツィ・ソーシャルインデックス」を作るのだが、ジャンツィを1992年に創業したマイケル・ジャンツィもSRIという倫理コンセプトに興味を持った一人だった。

イギリスでは、インデックス開発大手FTSEが2001年に「FTSE4Good」という先進国全体の上場企業を投資対象とするESG株式インデックスを発表し、イギリスのESG

評価会社ＥＩＲＩＳ（現・Vigeo EIRIS）がＥＳＧ調査を担当する。このＥＩＲＩＳは、教会や慈善財団がＳＲＩを実施するために１９８３年に設立されたＥＩＲＩＳ財団が、調査を担うために設立した子会社だった。ちなみに２００４年に「FTSE4Good Japan」が発表され、日本の上場企業のみを対象としたインデックスもスタートしている。

フランスでも、１９９７年にＳＲＩファンドに興味を持った公的年金ＣＤＣと貯蓄銀行によってＥＳＧ評価会社 Arese が設立されるが、労働組合のカリスマ事務局長だったニコール・ノタットが２００２年に設立したＶｉｇｅｏによって２００３年に吸収された。ドイツでは、１９８９年創業の環境系出版社 oekom が１９９３年にＥＳＧ評価子会社 oekom research を設立した。

こうしてＥＳＧ評価会社と呼ばれる企業群は、もともとは脱資本主義寄りの人々によって創造された。まだ企業からの積極的な情報開示が存在しない１９９０年代に、それでも一社一社企業の調査をおこなうには想像を超える使命感と情熱が必要だったことだろう。彼らは、なんとか投資家の資本を、利益最優先の世界から環境や社会の問題に配慮していく方向へ向かわせることに必死になっていた。しかし、オールド資本主義にいる機関投資家の心をつかむには、「利益の追求ではなく、環境・社会への配慮」ではダメだった。ＥＳＧ評価会社は、「環境・社会を考慮すれば利益が増える」という状況を示していかなければいけないことに気付いていった。

ＰＲＩが設立され、ＥＳＧ投資という言葉が確立された２００６年は、オールド資本主義の機関投資家側も、脱資本主義的だったＥＳＧ評価会社側も、「環境・社会を考慮すれば利益が増える」ことを証明しなければならない同じ目的を共有していたタイミングだった。その後実際に、ニュー資本主義の柱となるＥＳＧ投資を確実なものにするために必要なパーツが、一つ一つ揃っていくことになる。

ＥＳＧ投資が発展するための４つの基盤

ＥＳＧ投資が投資手法として浸透するためには、前述したように「データ」と「重要項目の見定め」の２つがどうしても不可欠となる。専門的な視点で企業のＥＳＧ状況を評価してくれるＥＳＧ評価会社も必要になる。しかしそれ以上に、もっと根本的に重要なのは、「環境・社会を考慮すれば利益が増える」と思える状況にそもそもなっているかどうかだ。

環境・社会に考慮した何らかの行動を企業がとろうとすれば、必ず何らかのコストがかかる。その時点では決して利益が増えることはない。しかし、それでも「利益が増える」ことがあるとすれば、それは将来の機会やリスクに先手を打って対処できるからに他ならない。

したがって、ＥＳＧ投資が成立するためには、投資をする側の投資家にも投資を受ける側の

図４　ESG 投資の基盤構造

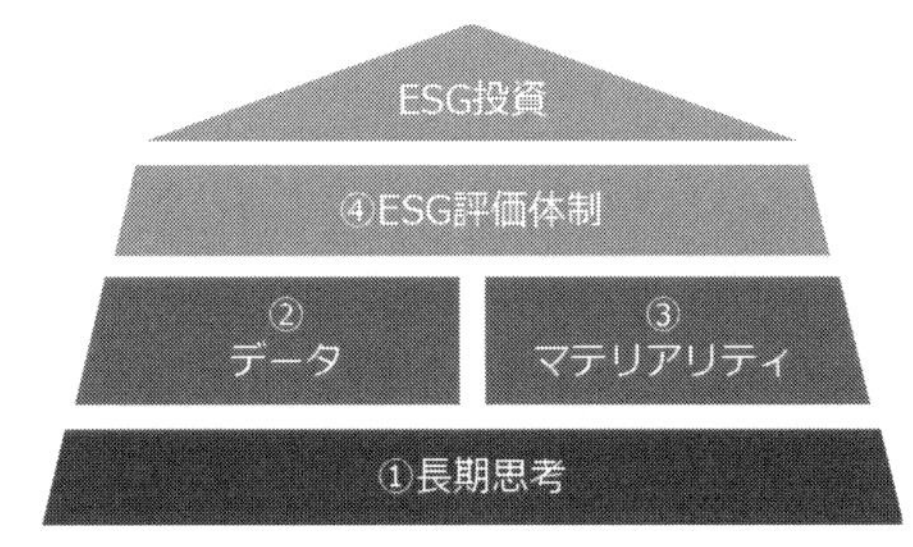

（出典）著者作成

企業にも、「長期思考」が必然的に求められることになる。

これらの関係を示したものが図４だ。まず大前提として長期思考があり、その上に企業がデータを開示し、将来的な成長に必要な重要項目（マテリアリティ）が特定できているかどうかがポイントとなる。そしてそれらのデータやマテリアリティを活用し、ＥＳＧ評価をするプレーヤーが必要となる。実際に２０１０年頃からは、これらが急ピッチで進んでいった。

ＥＳＧの基盤１〈長期思考〉

投資運用の世界に詳しくない方にとっては意外かもしれないが、機関投資家は実はそもそも長期思考に慣れている。だが一方で、投資運用は「短期売買での荒稼ぎ」という実態もあるため、これについて少しだけ解説していきたい。

短期的な売買を繰り返す投資家と言って思いつくのは、

図5　ヘッジファンドの世界運用額

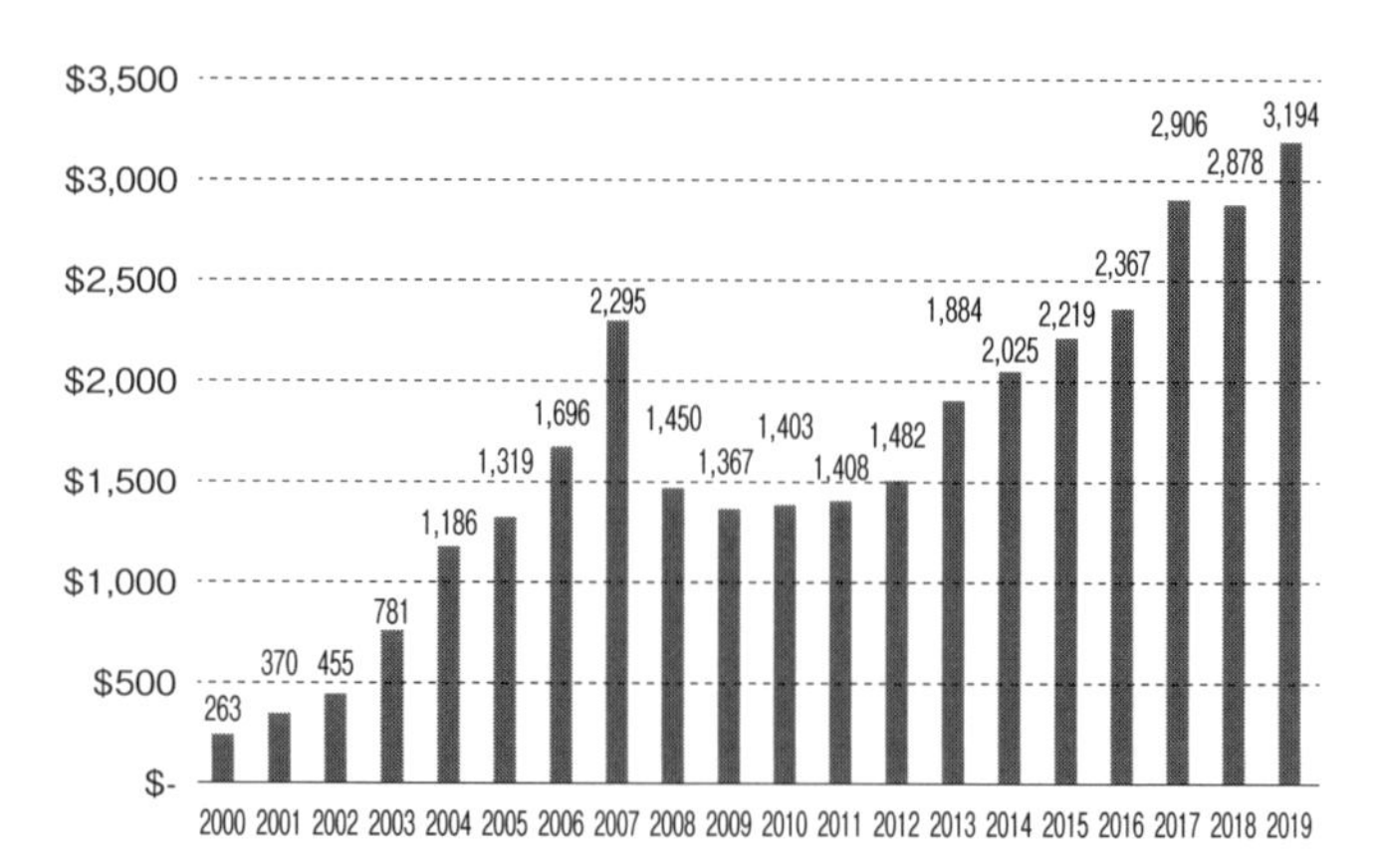

（出典）BarclayHedgeを基に著者作成

ヘッジファンドという投資家の存在だろう。ヘッジファンドは人工知能（ＡＩ）を駆使してコンマ数秒の利ザヤを狙った売買を得意としている。彼らの投資手法には「高頻度取引（ＨＦＴ）」という名前まで付いているぐらいだ。ヘッジファンドによる世界の運用額は、たしかに年々増えており、今では３・２兆ドル（約３５０兆円）まで来ている（図５）。しかし、第３章の表１でみたように、運用会社で運用されている資産は全体で１１兆ドル。ヘッジファンドが占める割合は、全体から見ると３％にも満たないのが実情だ。

　また同じく、かつては短期売買で利ザヤを稼いでいた投資銀行や証券会社も、自己勘定（プロップ）取引が規制されたことで、彼らによる短期売買も大幅に縮小している。今でも投資銀行や証券会社にはディーリングルームと呼ばれる有価証券の取引部屋があり、売買をしている人がいる。しかし彼らの業務は、自分たちの資金で売買をしているのではなく、機関投資家や個人投資家から上場株式や債券の売買の注文を受け（これを取次という）、その分だけを売買（これを執行という）しているに過ぎない。自分たちで投資判断をしているわけではないので、システムで自動化されていき、今ではディーリングルームに人が数人しかいない投資銀行も出てきている。

一方、機関投資家として今でも株や債券の売買をおこなっているのは、年金基金、保険会社、彼らから運用を委託された運用会社ということになる。年金基金や保険会社は元来から超長期投資家と言われる存在だ。年金や生命保険は、掛け金を払い始めてから給付を受けるまでに30年や40年といった長い年月がかかる。さらに年金制度や保険制度そのものの維持という観点で考えると、年金や保険を運用している企業や機関は、50年や100年の尺度で投資リターンを計画している。彼らから委託を受けた運用会社も、結局は長期投資が求められている。そのため年金基金や保険会社は、株式や債券の長期保有が大前提であって、短期的に売買することは滅多にない。

それでも日々株価が上下したり、時には乱高下したりするのは、個人投資家が短期的な利

図6　ダボス会議で発表されたグローバルリスクの変化

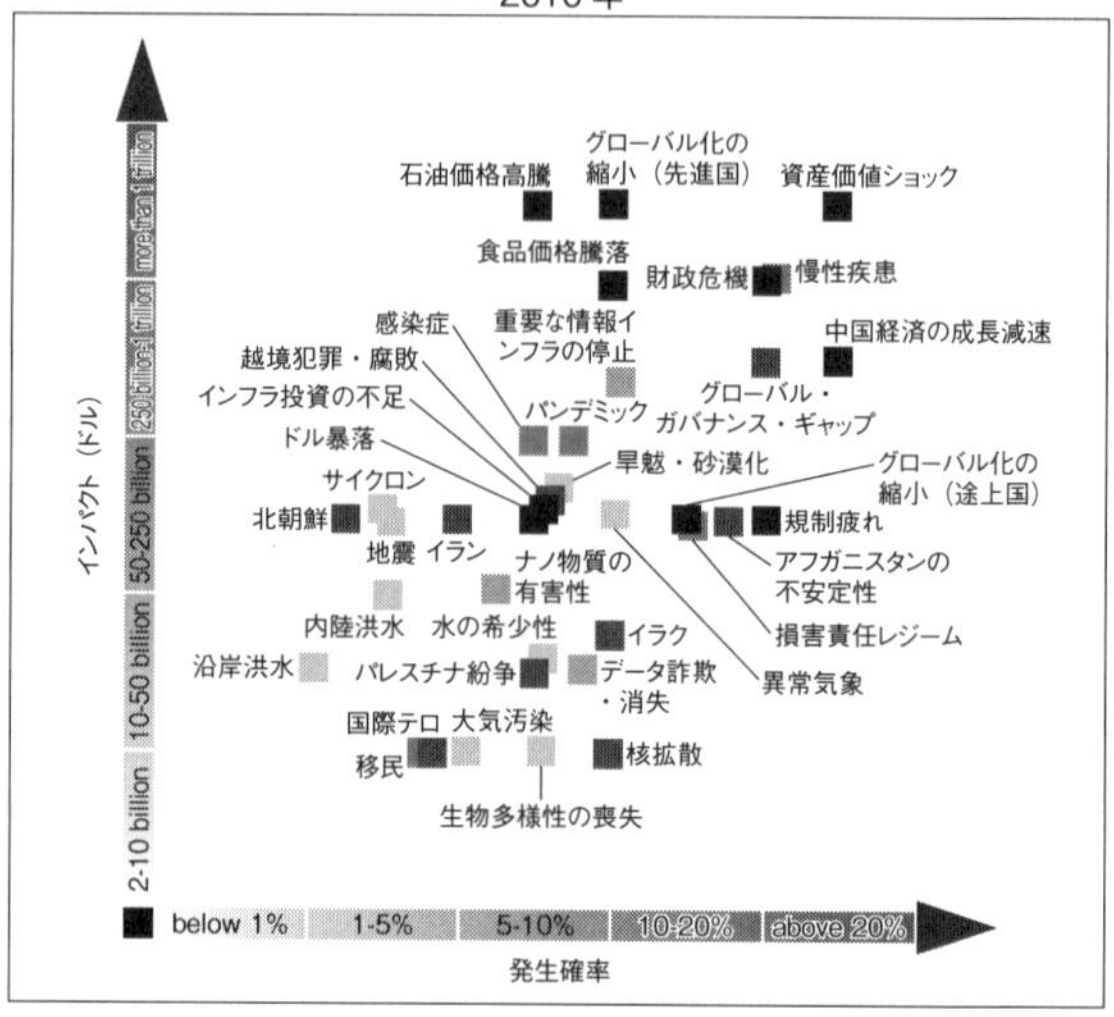

2011 年

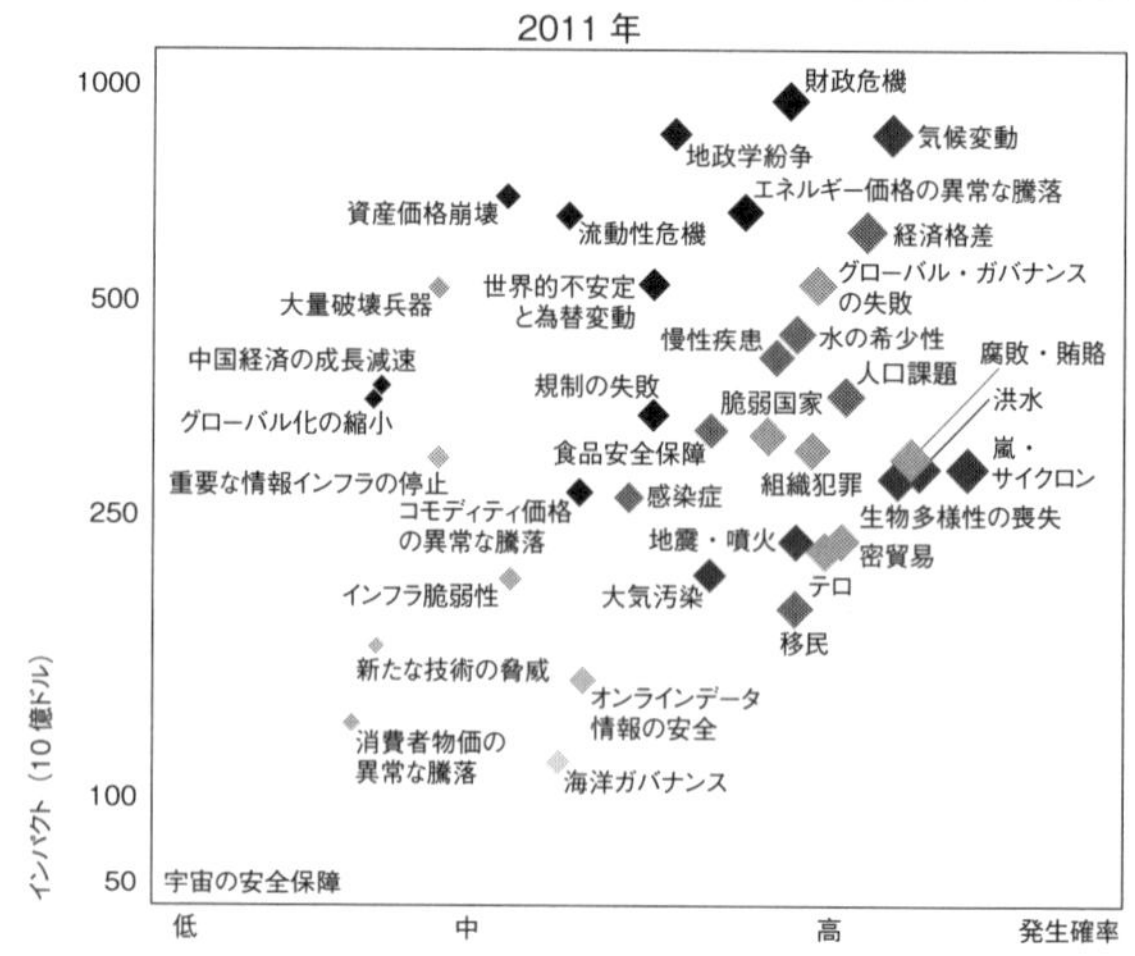

（出典）World Economic Forum

ザヤを求めて短期売買をおこなっているからだ。さらに、３％しかいないヘッジファンドも短期売買をするため、日々の株価には影響を与える。ヘッジファンドに資金の運用を委託しているのは、機関投資家よりも富裕層のファミリーオフィスに多い。要は、資本主義の象徴でもある株価は、短期売買が好きな個人投資家の強欲によって動かされている。

一方、ＥＳＧ投資の「長期思考」の世界が成立するためには、むしろ投資を受ける側の企業が長期思考になれるかどうかが重要となる。このきっかけを作ったのがリーマン・ショックだった。企業経営者は、今まで見てこなかったリスクを幅広く確認していったところ、環境や社会の領域に大きな事業リスクがあることに気付いた。それを象徴するのが図６だ。

この図は、世界経済フォーラムが毎年1月に開催する年次総会、通称「ダボス会議」で発表されるグローバルリスク報告書について、２０１０年と２０１１年の結果を比較したものだ。それぞれのグラフは、ダボス会議の関係者を対象にリスク認識を質問し、横軸は発生確率を、縦軸は発生したときの損失の大きさを表している。確率でも損失額でも大きいとされる右上に位置づけられるリスク項目が、２０１０年から２０１１年の1年間で大きく変わったのがみてとれる。２０１０年[30]に最も右上にあったのは資産価値ショックで、リーマン・ショックの影響が出ている。それ以外では、慢性疾患、財政危機、中国経済の成長減速などのリスク認識が高かった。

一方、2011年[31]に最も右上にあったのは気候変動だ。前年には気候変動に該当する異常気象や旱魃(かんばつ)・砂漠化は、真ん中くらいにあって目立たなかったのだが、そのリスク認識が急浮上していることがわかる。当時は欧州債務危機の真っ只中。それでも財政危機以上に気候変動のリスク認識が高かったことは、日本では今に至るまでほとんど知られていない。他にも、経済格差、人口課題、水の希少性、嵐・サイクロン、生物多様性の喪失等の環境や社会に関するリスクの位置が大きく右側に移動し、発生確率の認識が急速に高まっていった。

経営者たちのリスク認識の変化

このリスク認識の変化をもたらした背景には、リーマン・ショック後に経営陣が事業課題に対する考え方を大きく変え、長期的な時間軸で事業の機会やリスクを捉え直したという事情があった。オールド資本主義の時代に、環境・社会課題に対処しなければいけないと言われていたのは、環境破壊や人権侵害を受けた相手が損害を被るからで、相手のために損害が出ないようにする倫理が必要というものだった。その状態においては、環境・社会課題に対処しなかったからといって、自分たちが被る損はなかった。もちろんNGOが企業の悪評を喧伝(けんでん)するレピュテーションリスクはあったのだが、極論すれば、そのような声を無視していても、企業に大きな損はなかった。

しかし長期的な環境・社会課題の変化を具体的に分析していくと、実は回り回って企業自身に損が跳ね返ってくることがわかってきた。たとえば、気候変動に対処しなければ、自然災害が増え損害が増える。労働者の人権を考慮しなければ、採用競争力が落ちるばかりか、ボイコットにあい工場の操業が停止に陥る。水資源枯渇の問題に対処しなければ、そもそも事業に必要な水が確保できなくなる。これらの課題は、今すぐに対応しないと困るような短期的リスクではない。しかし対応しなければ、じわじわと悪影響が及び、ゆっくりと水の温度を上げていくと逃げるチャンスを失って死んでしまう「茹でガエル」のような状態になってしまう。こうして長期思考が経営の中に根付いてくる。

そして長期思考は、コーポレートガバナンスのあり方にも変化をもたらした。コーポレートガバナンスは、「企業統治」と呼ばれるように、いかにしてまともな経営をしていくかという話なのだが、コーポレートガバナンスの要は株主から委託されて経営の監督を担う取締役会にある。

かつて取締役は、企業の中で出世した人が就く上級職のポジションとみなされていたが、

30 World Economic Forum（2010）「Global Risks 2010」
31 World Economic Forum（2011）「Global Risks 2011」

不祥事を防止し、法令遵守（コンプライアンス）を徹底させるため、社外取締役として弁護士や会計士も選任されるようになった。しかし長期的なリスクに対応していくためには、法令遵守の専門家だけでは十分ではなく、今後の環境変化や社会動態変化に詳しい専門家が取締役会にいなければ、経営執行を担う経営陣を監督できないという考えが芽生える。こうしてまず、取締役会で多様な観点で議論ができるよう異なる分野の社外取締役が不可欠という発想が生まれた。

同時に取締役の報酬についても改革の必要性が指摘されていく。それまでの取締役の成績は、どれだけ前年度に利益を上げられたかで決められていた。しかしこれでは、たとえ株主が短期利益を求めなかったとしても、取締役やＣＥＯが自らの報酬を高めるため、もしくは「利益を増やした」という名声を得るために、長期的なリスクに対応するのに必要な投資をしなくなることが懸念された。特にリーマン・ショックの失敗から学んだ株主は、**長期的な経営目標に経営陣をコミットさせることが必要**と考えるようになる。これにより、取締役に長期的な目標（ＫＰＩ＝重要業績評価指標）が設定されているか、長期ＫＰＩと役員報酬が連動しているかといった項目が、ＥＳＧ評価に盛り込まれていくこととなった。

長期思考が重要なのであれば、経営の短期思考を促してしまう四半期利益見通しを廃止しようという動きもアメリカで始まった。２０１３年にカナダの公的年金であるカナダ年金制度投資委員会のＣＥＯとアメリカのコンサルティング会社マッキンゼーのトップが、北米企業を短期思考から解放するために必要な提言をおこなう活動「ＦＣＬＴ」を発足。２０１６年からは、世界最大の機関投資家ブラックロック、総合化学大手ダウ、インド財閥タタ・グループの持株会社タタ・サンズの各ＣＥＯも活動に参加し「FCLT Global」に発展する。FCLT Global は、経営者に短期思考を強いる四半期利益見通しの廃止を提言。その甲斐もあって、四半期決算の中で四半期利益見通しを発表するアメリカのＳ＆Ｐ５００企業の割合は、２００３年には75％あったが、２０１０年には36％に、２０１７年には28％にまで減少した。[32] 日本では、２００６年に金融商品取引法で上場企業の四半期決算開示が義務化されたが、そのわずか数年後にアメリカでは四半期利益見通しの発表をやめる流れになっていた。またＥＵでは２０１５年11月までに四半期決算の義務化が廃止されている。

ＥＳＧの基盤２〈データ〉

ＥＳＧ評価にとって肝となるＥＳＧデータの情報開示は、２０００年代から日本でも海外でもＣＳＲの文脈で始まっていた。その動きを先導したのは、第２章で紹介したようにサス

32　FCLT Global（2017）「Moving Beyond Quarterly Guidance: A Relic of the Past」

図７　GRIに準拠した報告書発行企業数

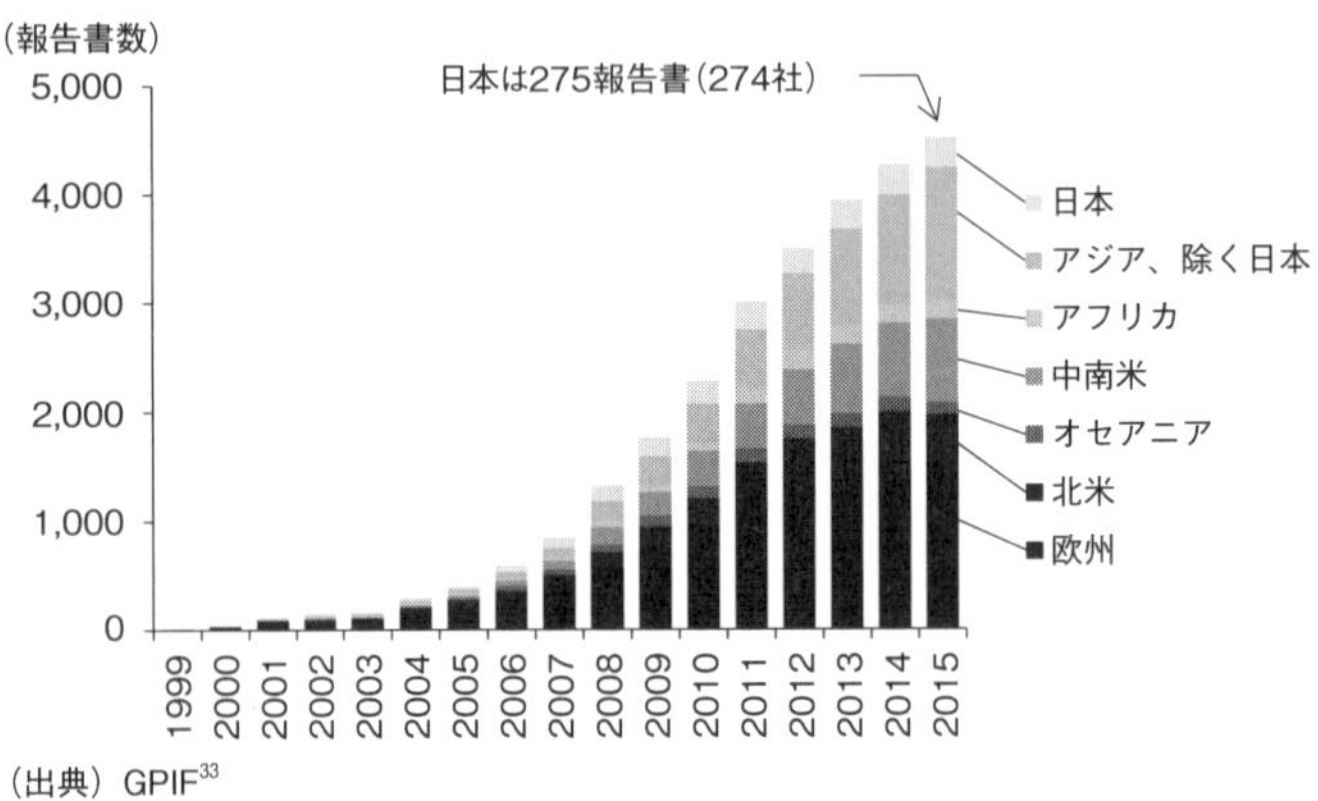

（出典）GPIF[33]

テナビリティ報告の国際ガイドラインを自主的に策定してきたＮＧＯのＧＲＩだった（図７）。ＧＲＩは２００６年にガイドライン第３版（Ｇ３）を発行し、原材料、エネルギー消費量、水消費量、生物多様性、排ガス・廃水・廃棄物、製品安全性、男女別従業員数、労災、教育研修、男女差別禁止、児童労働、賄賂防止、地域社会との関わりなど全部で97もの開示項目を示した。

　当時の日本では、まだ企業には京都議定書に基づく地球温暖化対策推進法で規定された二酸化炭素排出量しか報告義務がなく、しかもごく一部の大企業だけが報告義務の対象だった。それ以外の項目については、報告義務は一切なかった。

　一方、この流れにＥＵは早くから飛びついた。ＥＵの行政府である欧州委員会は、２００２年に政府、経営者団体、業界団体、労働組合、ＮＧＯ

を結集させた会議体「欧州マルチステークホルダー・フォーラム」を組成する。このフォーラムを通じて、欧州委員会としてはCSRと企業競争力には相関性があるという結論を導きたかったのだが、NGO側が議論内容不十分として途中からボイコットし、この時点では失敗に終わる。だが欧州委員会は諦めなかった。2006年にはNGOなしで「CSRのための欧州同盟」を結成する。今度は、情報開示を進める上でのさまざまな課題や障壁が話し合われ、検討結果をまとめた報告書も発表された。だが、このときも、コスト面の問題や、経営陣の積極的なコミットが必要という課題があらためて確認された形で活動を終えた。

しかしリーマン・ショックで流れは大きく変わる。2009年に欧州委員会が開催したワークショップでは、政府、企業、労働組合、NGOに加え、投資家も参加する形でESGの情報開示の検討が開始される。2010年には「欧州2020」戦略の中でESG情報開示は重要テーマとして扱われ、2011年からESG情報の開示を義務化するEU法案の検討が始まる。審議の過程では、緑の党などの政党が強い欧州議会は広範な記載の義務化を求める一方、加盟国の国内で産業界一般から厳格な開示への反対を主張された加盟国閣僚級のEU理事会との間で調整が紛糾したりもした。だが、最終的に2014年に従業員500名以

33　GPIF（2019）「ESGに関する情報開示についての調査研究 報告書〈概要〉」

上の企業にＥＳＧの情報開示を義務付けるＥＵ非財務情報開示指令が成立し、２０１６年から各加盟国において導入することが決まった。

イギリスでも２０１３年に会社法規則が改正され、上場企業の年次報告制度が大きく変わる。従来の「事業報告書」に代わり「戦略報告書」の発行が義務付けられ、「戦略報告書」の中で、企業の長期的価値創造で重要なＥＳＧにおいて、経営管理するための具体的な重要業績評価指標（ＫＰＩ）を記載することが定められた。その際、ＫＰＩの選定根拠やプロセスを記載することも求められた。さらに、社会の中で自社の存在意義を意味する「パーパス」の記載や、経営のダイバーシティを高めるため、取締役、執行役員、従業員の性別と人数の内訳記載も義務化された。この制度改革により、ＥＳＧ投資家にとってのデータ整備が大きく進んだ。

アメリカではＥＳＧ情報開示の動きは比較的遅かったが、ニューヨーク証券取引所が２０１５年に、証券取引所の業界団体である「持続可能な証券取引所（ＳＳＥ）イニシアチブ」のモデルＥＳＧ情報開示ガイダンスを紹介している。ナスダックがＥＳＧ情報開示ガイドを発行するのは２０１９年とさらに遅かった。しかしそれでも、アメリカのグローバル企業の多くは、ＥＵレベルのＥＳＧ情報開示を２０１５年までにはすでに自主的に実施していた。

アメリカよりもアジア諸国の動きのほうが早かった。イギリスの影響が色濃い香港では、

2012年に香港証券取引所が上場企業に対しESG情報の開示を奨励する。同時に、2015年までに「規定を遵守するか、遵守しない場合は理由の説明を義務化させる」ことを意味する「コンプライ・オア・エクスプレイン」型のESG情報開示義務化ルールを導入することを宣言。そして実際に2015年に義務化した。

シンガポールでも、2011年にシンガポール証券取引所が上場企業に対しESG情報開示ガイドラインを発表し開示を推奨する。2017年からは「コンプライ・オア・エクスプレイン」型のESG情報開示義務化ルールを導入した。アジアの金融センターを目指す香港とシンガポールは、競うようにニュー資本主義に向かって戦略をシフトしている。

台湾証券取引所も2015年に、自己資本の大きい上場企業、売上の50%以上が飲食販売の企業、食品・金融・化学業界の企業に対し、ESG情報開示を義務化した。2017年からは義務化の対象が全上場企業に拡大された。

インドのボンベイ証券取引所とインド国立証券取引所も2015年から上場企業にESG情報開示を義務化。マレーシア証券取引所も2015年に、上場企業にESG情報開示を義務付けた。オーストラリアも2014年に、「コンプライ・オア・エクスプレイン」型のESG情報開示義務化ルールを導入した。

一方日本では、ESGデータの開示そのものはCSR報告書の中で実施していたが、あくまで開示は社会的責任という観点でおこなっていたため、リスクマネジメントや戦略的事業展開のためKPIや中長期定量目標がESGに対して設定されていることは、花王などの一部企業を除いて稀だった。そして日本のESG情報開示に関する法規則や取引所ルールは、2020年になってもまだ導入されておらず、今日大企業や上場企業に開示が義務化されているものは、二酸化炭素排出量の報告、女性活躍推進法に基づくダイバーシティ推進計画、コーポレートガバナンス報告書の提出に留まっている。しかもどの項目にしても、各国のESG情報開示の推奨基準よりもゆるいままだ。

ESGの基盤3〈マテリアリティ〉

「環境・社会への影響を考慮すると利益が増える」というニュー資本主義では、企業の経営者は、どの環境・社会項目のどのような影響に対処すれば利益が増えるのかを見定める必要がある。同様に投資家も、投資先企業の財務に重要な影響を与える環境・社会観点でのリスクや事業機会を見定める必要がある。このような重要な項目のことを英語では「マテリアリティ（重要性）」と呼び、重要項目を見定めることを「マテリアリティ特定（Materiality Identification）」という言い方をする。

投資家にとって、マテリアリティという概念は、そもそも1976年にアメリカ連邦最高裁判所が出した判決が発端となっている。企業の開示情報において、「重要な情報」とは何かという定義について、このときの判決は、「省略されていた情報をもし合理的な投資家が見ていたとしたら、入手できた情報の全体像が著しく変わってしまうような類の情報」と定めた。そして、マテリアリティのある情報とは、かつては企業買収情報や、新製品発表情報、財務の大きな変動情報などの財務関連の情報が位置づけられ、投資家に公平に伝える義務があった。それになぞらえ、ニュー資本主義では、ＥＳＧの中から企業の財務に大きな影響を与えるマテリアリティの情報を特定する作業が求められていった。

マテリアリティの概念は、先述した２００６年発行のＧＲＩガイドライン第３版（Ｇ３）の中で、サステナビリティ報告書において、数あるＥＳＧ情報の中からマテリアリティのある項目を強調すべきという原則が打ち出される。そして、２０１３年に改訂された第４版（Ｇ４）では、サステナビリティ報告書の読者がマテリアリティの高い項目がわかりやすく視認できるよう、各ＥＳＧ項目のマテリアリティ度合いをマッピングした図を開示することが強く推奨された。そしてそのフォーマットとして、横軸を「企業が経済、環境、社会に及ぼす影響の大きさ」、縦軸を「ステークホルダーの評価及び意思決定への影響」とする分布図が提唱された。

マテリアリティ特定によって、ＥＳＧの中で財務に影響を与える項目が明確になってくると、財務報告とＥＳＧ報告を別々の報告書ではなく、全体を体系的に一つにまとめた報告書を作成してほしいというニーズが投資家から出てくる。本書でも先に紹介した「国際統合報告フレームワーク〈ＩＲ〉」というガイドラインが発表される。こちらでは、マテリアリティの考えに沿って、財務報告とＥＳＧ報告の双方を一つの統合報告という形でおこなうことが提唱された。

そして、投資家にとって財務に影響を与えるＥＳＧ項目が見えてくると、投資家は今度は、そのＥＳＧ項目について同業他社比較をしたくなってくる。そのとき、報告をおこなう企業が各々マテリアリティを特定していたのでは、見たい情報を横並びで比較することができなくなってしまう。そこでアメリカでは、機関投資家と企業の双方から委員を招聘し、各業種のマテリアリティを事前に固めてしまい、固めたマテリアリティの開示を各企業に促す構想が出てくる。それが２０１１年に発足したＳＡＳＢというアメリカのＮＰＯで、２０１８年に11業種77産業分のマテリアリティを固めた「ＳＡＳＢスタンダード」を発表した。

財務に影響を与えるマテリアルなＥＳＧ項目が見出されたのであれば、当然経営としてその状況を改善していこうという話になる。こうしてマテリアリティとして特定されたＥＳＧ項目に対し、長期目標を設定し、改善の進捗（しんちょく）状況を確認したいと経営陣は考えるようになる。ＥＳＧについて企業が自主的に長期目標を設定し、データとして毎年報告していく流れも、２０１０年代に欧米のグローバル企業の間では定着していった。

ＥＳＧの基盤４〈ＥＳＧ評価体制〉

企業からの情報開示が進み、データとマテリアリティという2つの条件が揃ってくると、投資家にとって有益なＥＳＧ評価スコアを作成するＥＳＧ評価会社の間の競争が激しくなっていく。その結果、林立したＥＳＧ評価会社の業界再編がおこなわれていった。

カナダのジャンツィは、２００３年にドイツのScoris、オランダのＤＳＲと合同合弁会社SiRi Companyを設立し、２００５年にスペインのＡＩＳがSiri Companyに合流。２００９年には、ジャンツィ、Scoris、ＤＳＲ、ＡＩＳの4社は合併し、サステイナリティクスとなった。２０１７年にサステイナリティクスは、モーニングスターに買収された。

また、ＳＡＭは２００６年にオランダの運用会社Robecoに買収され、２０１３年にはRobecoSAMに社名が変わる。一方、ダウ・ジョーンズ・インデックスは２０１２年にＳ＆Ｐインデックスと経営統合し、Ｓ＆Ｐダウ・ジョーンズ・インデックスとなる。さらに２０１９年には、RebecoSAMが１９９９年から担ってきたＥＳＧ評価事業がＳ＆Ｐダウ・ジョーンズ・インデックスの親会社Ｓ＆Ｐグローバルに売却された。これによりＳ＆Ｐグローバル・グループ内で、ＥＳＧ評価からＤＪＳＩインデックスの作成までを一貫して実施する体制が整った。

ＫＬＤは、アメリカの同業 Innovest とともに２００９年に議決権行使助言ＩＳＳに買収され、さらにＩＳＳの親会社であった RiskMetrics は２０１０年に米系インデックス開発ＭＳＣＩに買収される。そして元ＫＬＤや元 Innovest の部門は、「ＭＳＣＩ ＥＳＧリサーチ」という名称で、ＭＳＣＩグループ全体のＥＳＧ調査を担うようになった。

また、ＭＳＣＩは、ＩＳＳの議決権行使助言事業をコア事業ではないと判断し、２０１３年に投資ファンドに売却した。そのＩＳＳは、２０１８年に oekom research を買収し、ISS-oekom に社名を変更。今は、ＩＳＳの他のＥＳＧサービスとともに「ＩＳＳ ＥＳＧ」のブランド名で事業展開している。

Ｖｉｇｅｏは２００６年、イタリアの Avanzi SRI Research を吸収。ＥＩＲＩＳは２０１３年にアメリカの Conflict Risk Network を吸収したが、同じ年に長年の主要顧客であったＦＴＳＥから、FTSE4Good のＥＳＧ調査を内製化するためにＥＩＲＩＳへの調査委託契約を解消される。結局ＥＩＲＩＳは２０１５年にＶｉｇｅｏと企業合併する道を選び、Vigeo EIRIS となった。さらに Vigeo EIRIS は２０１９年にムーディーズに買収された。

こうしてＥＳＧ評価会社の集約が進み、ＥＳＧ投資のバリューチェーンができあがっていく（図８）。サステイナリティクス、Ｖｉｇｅｏ ＥＩＲＩＳ、ＩＳＳ ＥＳＧなどのようにＥ

図8　ESG 投資のバリューチェーン

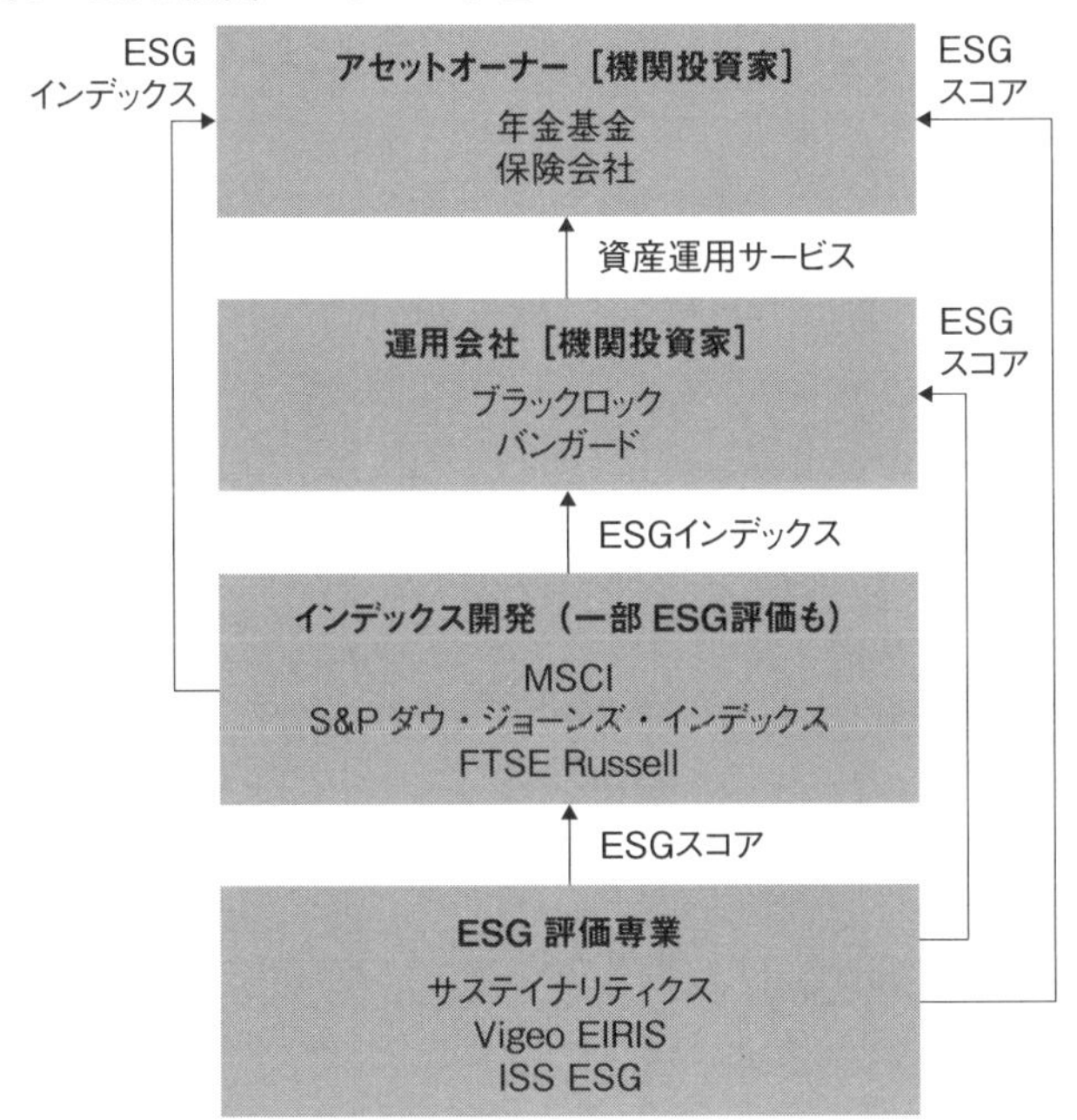

（出典）著者作成

SG評価専業で生き残ったところもある。彼らは、企業のESG情報を収集してスコア化したものを、インデックス開発会社や機関投資家に販売している。また、MSCI、S&Pダウ・ジョーンズ・インデックス、FTSE Russellのような老舗のインデックス開発会社は、ESG評価会社を買収したり、独自に社内に設置したりしてESGインデックスを開発する体制を整えていった。

1990年代から200

0年代に創業したこれら一つ一つのESG評価会社は、もともとは脱資本主義寄りの性格で発足したはずだ。しかし企業として競争にさらされる中で、企業合併といういかにも資本主義らしい方法で生き残りが図られていった。そして、企業規模と資本力を大きくした評価機関は各々、自分の出身国の企業だけでなく、世界中の上場企業のESG調査を手掛けるようになっていった。

ESG投資のパフォーマンス

ニュー資本主義が、「環境・社会への影響を考慮すると利益が増える」のであるならば、この新たな主義が成立するかは、ESG投資のパフォーマンスが結局のところいいのかどうかにかかってくる。どんなに環境・社会的な話と利益は両立すると口で言ったところで、もし投資パフォーマンスが低ければ、再び2000年のSRIのように一時的なブームとなって終わっていくことだろう。そして機関投資家の幻想は消え、ニュー資本主義は再びオールド資本主義へと回帰していくにちがいない。

ESG投資に経済合理性があることを示す研究に熱心に取り組んでいる学者の一人に、ハーバード・ビジネス・スクールのジョージ・セラファイム教授がいる。セラファイムは2012年に発表した共著ワーキングペーパー[34]の中で、アメリカ大手上場企業を対象にしたES

G投資パフォーマンスのシミュレーションを実施した。分析手法は、環境・社会に関する実効性のある経営方針を定めている90社を「高サステナビリティ企業」、方針を定めていない90社を「低サステナビリティ企業」として特定し、株価とROE（自己資本利益率）の２つの推移を分析するというものだ（図９）。その結果、高サステナビリティの企業が、株価でもROEでも高いことが示された。このワーキングペーパーが発表されたのが２０１２年で、ちょうどニュー資本主義が勢いづいて来る頃だ。セラファイムの分析結果を見た機関投資家は、ESG投資はリターンを増やすという自信を強めていった。

しかしながら、オールド資本主義を堅持するアナリストやエコノミストが、ESG投資が高いパフォーマンスを上げることができるという主張に強く反論したことも事実だ。特にその反論の根拠とされたのが、機関投資家なら誰もが知る投資理論「現代ポートフォリオ理論」だ。

現代ポートフォリオ理論とは、投資対象企業の各々の過去の投資リターンと株価の変動率（投資リスクという）を分析すれば、自ずと最適な投資先企業ごとの投資配分（投資ポートフ

34　Eccles, Robert G. et al.（2012）「The Impact of a Corporate Culture of Sustainability on Corporate Behavior and Performance」

図9　セラファイムのESG投資パフォーマンス分析

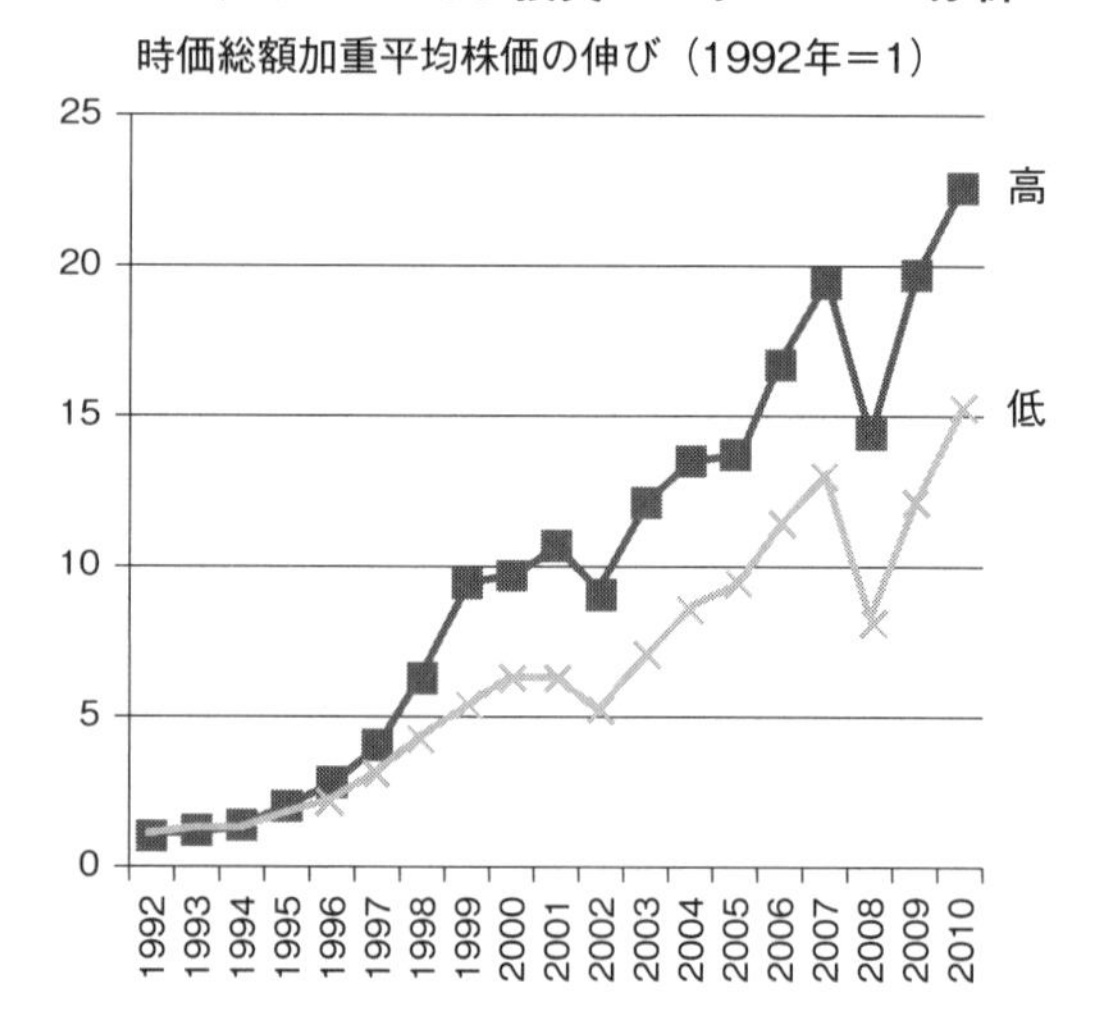

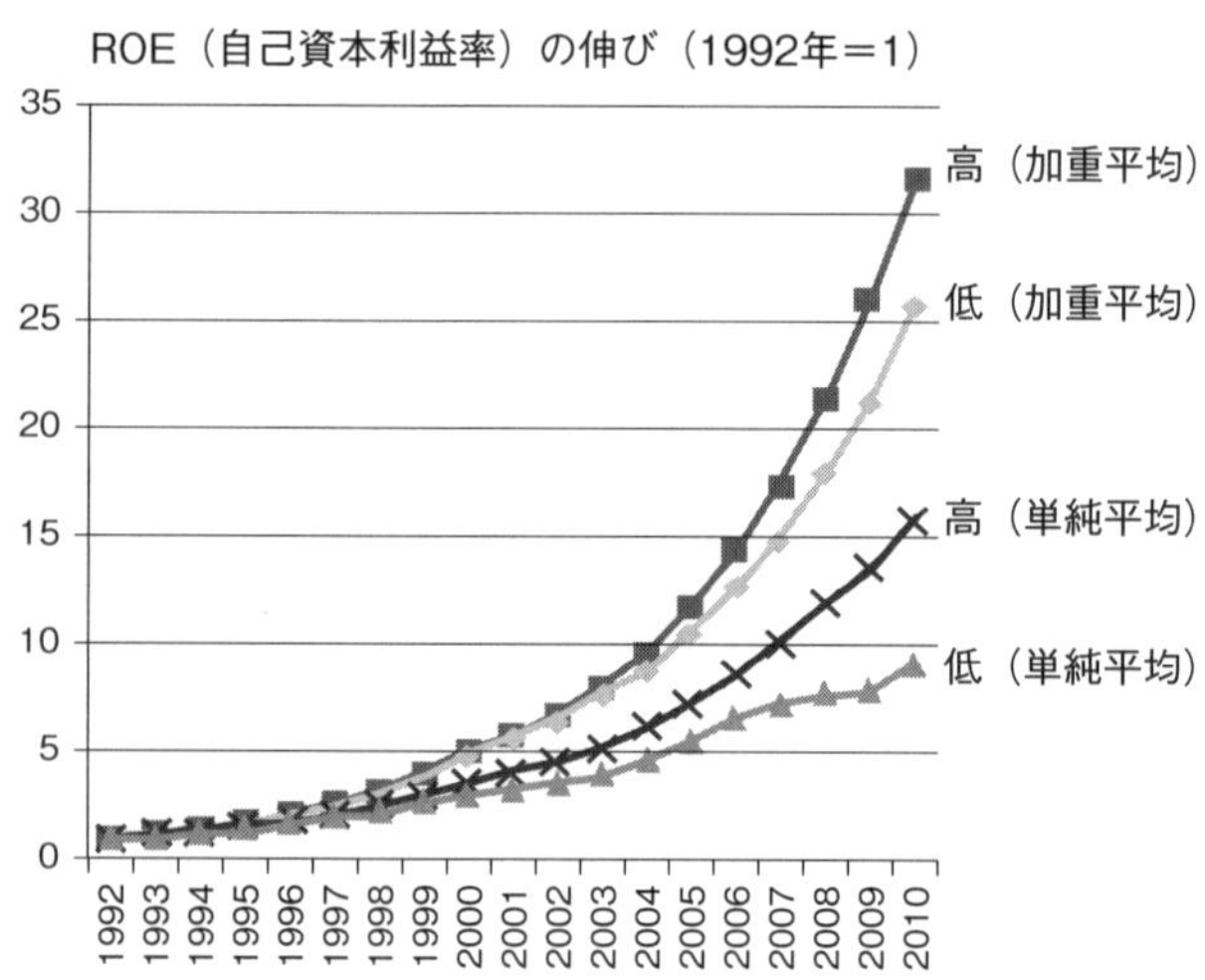

（出典）Eccles他を基に著者邦訳

ォリオという）が構築できるという数学を使った投資理論だ。この理論を１９５２年に発表したハリー・マーコウィッツは、１９９０年にノーベル経済学賞を受賞する。現代ポートフォリオ理論は、ファイナンスの教科書には必ず載っているほど重要な理論だ。機関投資家の間では、この現代ポートフォリオ理論を実用化したシステム「バーラ」が１９７０年代に登場すると、不動の投資理論の地位を確立した。このモデルを前提とする人にとって、ＥＳＧスコアという過去のリターンや投資リスクとはまったく無関係なものを考慮すれば高い投資パフォーマンスを上げられるなどという話は、馬鹿げたものでしかなかった。

オールド資本主義からニュー資本主義に移行したＥＳＧ投資家は、いとも簡単にこの反論を棄却する。その心は「環境や社会課題が大きく変化する時代に、過去の投資リターンとリスクのデータにのみ依存していいわけがない」というものだ。すなわち、変化の激しい時代に過去のデータはあてにできないという至極シンプルな主張だった。ＥＳＧ投資家は、過去の財務データや業績予測だけで投資判断をするより、ＥＳＧデータも考慮したほうが企業の成長の将来性を見通せると考えた人たちだ。オールド資本主義からの反論は、的外れな反論でしかなかった。

それ以外にも、効率的市場仮説という別の投資理論を用いてＥＳＧ投資の有効性に反論した人もいた。こちらは、市場の株価にはあらゆる情報が織り込まれているので、誰もが気付いていない有望な企業を自分だけが見つけるのはそもそも不可能だという理論だ。この立場に立つと、ＥＳＧスコアを活用したところで超過リターンを上げられるわけはないので、おとなしく上場株式全体に広く分散投資する株価指数（アメリカではＳ＆Ｐ５００、日本ではＴＯＰＩＸなど）と連動するパッシブ運用をしておきなさいという話になる。しかし、パッシブ投資が流行っている日本と違い、欧米の機関投資家は、自分で有望な投資先を探せると信じるアクティブ投資のほうが主流だ。効率的市場仮説に立脚する反論も、やはり的外れな反論だった。

セラファイム以外にも、ＥＳＧ投資のパフォーマンスについての分析は、研究者や実務家の間で多数実施された。その結果はどうだったか。２０００本もの研究結果をメタ分析した２０１５年の論文[35]によると、ＥＳＧ投資のパフォーマンスは高いとした研究が63％、低いとした研究が８％、判断できないとした研究が残りの29％だった。

日本企業の停滞

ところが、日本ではニュー資本主義への移行が進まなかった。第４章で紹介したように、日本のＣＳＲ部門はこの間、経営陣の理解が得られることのない苦悩の中、なんとか1年に1テーマずつを片付けていくという状況にあった。経営陣にとって環境・社会課題の話題とは、あくまで旧来型の「不祥事対応・社会貢献活動・環境活動」のＣＳＲ３点セットのまま。グローバル企業は、長期的な環境・社会課題からリスクに対応するためには、自社だけでなくサプライヤーのリスクもマネジメントしなければいけないと考えたが、日本企業からすると「他社で環境や労働、地域社会について不祥事があっても、うちには法的責任はない。そもそもうちはうち、他社は他社なので、他社の話に首を突っ込む道理がない」とサプライチェーン管理にも消極的だった。

加えて、機関投資家側の年金基金、保険会社、運用会社においても、環境・社会課題の話題は「儲からないＳＲＩ」という考え方が圧倒的多数を占めており、時代の変化に気付けなかった。たとえば、２０１４年に金融庁は機関投資家向けにスチュワードシップ・コードという自主規則を導入した。機関投資家に対して投資先企業の持続的成長を促し、機関投資家の中長期リターンを高めるために、投資先企業との目的のある対話を積極化するために定められた業界規範だ。この規範は、２０１０年にイギリスで制定されたスチュワードシップ・コードを真似て、日本に持ち込んだものだった。

35　Friede, Gunnar et al. (2015)「ESG and financial performance: aggregated evidence from more than 2000 empirical studies」*Journal of Sustainable Finance & Investment*, 5:4, 210-233

だが、イギリスで作られたスチュワードシップ・コードは、機関投資家が投資先企業の持続可能な成長に向けたESG課題に対応するために、投資先企業の状況をモニタリングしたり、対話したり、議決権行使をしたりすることを狙っていたのに対し、ESGが理解されていない日本の機関投資家はまったく違う受け止め方をした。

自社株買いに貴重な資本を費やす

当時の日本は、安倍政権が日本企業の復活を目指す「日本再興戦略」を発表し、そのもとで経済産業省から「伊藤レポート」が出され、「日本企業は自己資本利益率（ROE）が低すぎて、持続可能な企業価値の向上ができていない。ROEを8％以上にまで引き上げることを目指すべし」というメッセージが発信されたタイミングだった。ROEとは、利益を自己資本で割った指標のことで、株主から投資された資本でどれだけ効率的に利益を出せているかを測るものだ。「稼ぐ力」とも言われている。ROEを上げることとESGを重視することは根本的には矛盾しない。ニュー資本主義でもESGを重視し長期的なトレンドに対応できれば、売上と利益がともに伸び、ROEは上がっていくと考えられている。

だが、日本企業は、伊藤レポートが示したメッセージを、「ROEを短期的に上げよと命じる政府の指令」と受け取った。そして日本の機関投資家も、スチュワードシップ・コードの要諦はＲＯＥを上げるよう投資先企業と対話することだと理解した。当然その帰結は、イギリスとは違うものとなった。日本企業は、ＲＯＥの分母となる自己資本を減らしてＲＯＥの数値を上げようと、自社株買いを開始した。機関投資家もそれを促したのだ。

たしかに分母を小さくすれば、短期的にはＲＯＥの数値は上がり、投資家に短期的な良いシグナルを送ることはできる。しかし、グローバル企業が長期リスクに対応するために積極的にＲ＆Ｄやサプライヤー支援を開始したタイミングで、日本企業は設備投資をするための貴重な資金を、財務諸表の見栄えを良くするためだけの自社株買いに費やしてしまった。

スチュワードシップ・コードはその後、ＥＵ、韓国、香港、シンガポール、マレーシア、タイ、ブラジル、南アフリカ、ケニアなどでも導入されたが、ＥＳＧを向上させるための導入ということが正しく理解されており、日本のような反応をする国はなかった。

２０１５年に金融庁と東京証券取引所がコーポレートガバナンス・コードを導入したときも同じだった。こちらも、イギリスが先に制定したものをコピーし、上場企業に対し、持続的成長に向けた企業の自律的な取り組みを促すため、５つの基本原則と30の原則、38の補充原則を示したものだった。

日本企業は、この内容を、株主に対する責任を果たすため、自社株買いやコストカットしてＲＯＥを上げることと理解した。また、独立社外取締役を２人以上置くという規定があっ

表３　研究開発費の国際比較

	日本	米国	EU-28	中国	韓国
2007	1.00	1.00	1.00	1.00	1.00
2008	0.99	1.07	1.09	1.24	1.10
2009	0.91	1.07	1.11	1.56	1.21
2010	0.90	1.08	1.15	1.90	1.40
2011	0.92	1.13	1.23	2.34	1.59
2012	0.91	1.15	1.28	2.78	1.77
2013	0.96	1.20	1.33	3.19	1.89
2014	1.00	1.26	1.39	3.51	2.04
2015	1.00	1.31	1.45	3.82	2.11
2016	0.97	1.36	1.50	4.23	2.22
2017	1.01	1.43	1.60	4.75	2.52

2007年を1.00とする

（出典）科学技術・学術政策研究所を基に著者作成

たが、サステナビリティ経営にとっては長期思考の専門性を持った社外取締役が重要という感覚が共有されていない日本では、何のために独立社外取締役を２人以上も置く必要があるのか、ピンとこない企業が少なくなかった。ニュー資本主義に移行したイギリスから来たこのコードには、「サステナビリティ」や「社会・環境課題」という言葉がしっかりと盛り込まれていたのだが、旧来型のＣＳＲだと理解した日本企業、メディア、エコノミストは、これらの単語を無視した。

これらの影響を、研究開発費の国際比較[36]からもうかがうことができる（表３）。実は主要国の中でリーマン・ショックにより研究開発費が減少したのは日本ぐらいで、他の国は横ばいまたは増加を続けていた。リーマン・ショックの直前と比べても、２０１７年の時点で、アメリカで１・４倍、EU28ヵ国で１・６倍、中国で４・８倍、韓国で２・５倍になった。日本は２０１７年にようやくリーマン・ショックのときの水準に戻った。日本のR＆D費については、「事業のタネにならない趣味の研究が多い」と言われた時期もあるため、R＆D費が伸び悩んだ背景には、いろいろな要因がある。ただ、リーマン・ショックから欧米のグローバル企業が長期ESGリスク対応のための戦略推進で投資を拡大させた一方、**長期ESGリスク対応という戦略が存在しなかった日本企業では、R＆D投資を増加させる要因が一つ欠けていたと言う**ことはできる。

結局、スチュワードシップ・コードとコーポレートガバナンス・コードが揃った２０１５年の時点で、この両方のコードがイギリスで導入された意味が深く考えられることはなかった。そのため関係者の間では、政府が訳もわからず押し付けてきた新たなコンプライアンスものとしかみなされなかった。

かつて日本では、アングロサクソン型の経営が到来してきた際に「アングロサクソン型の

36　研究開発費の大半は、企業のR＆D費が占めている。

図10　ダボス会議の地域別ランクイン企業数

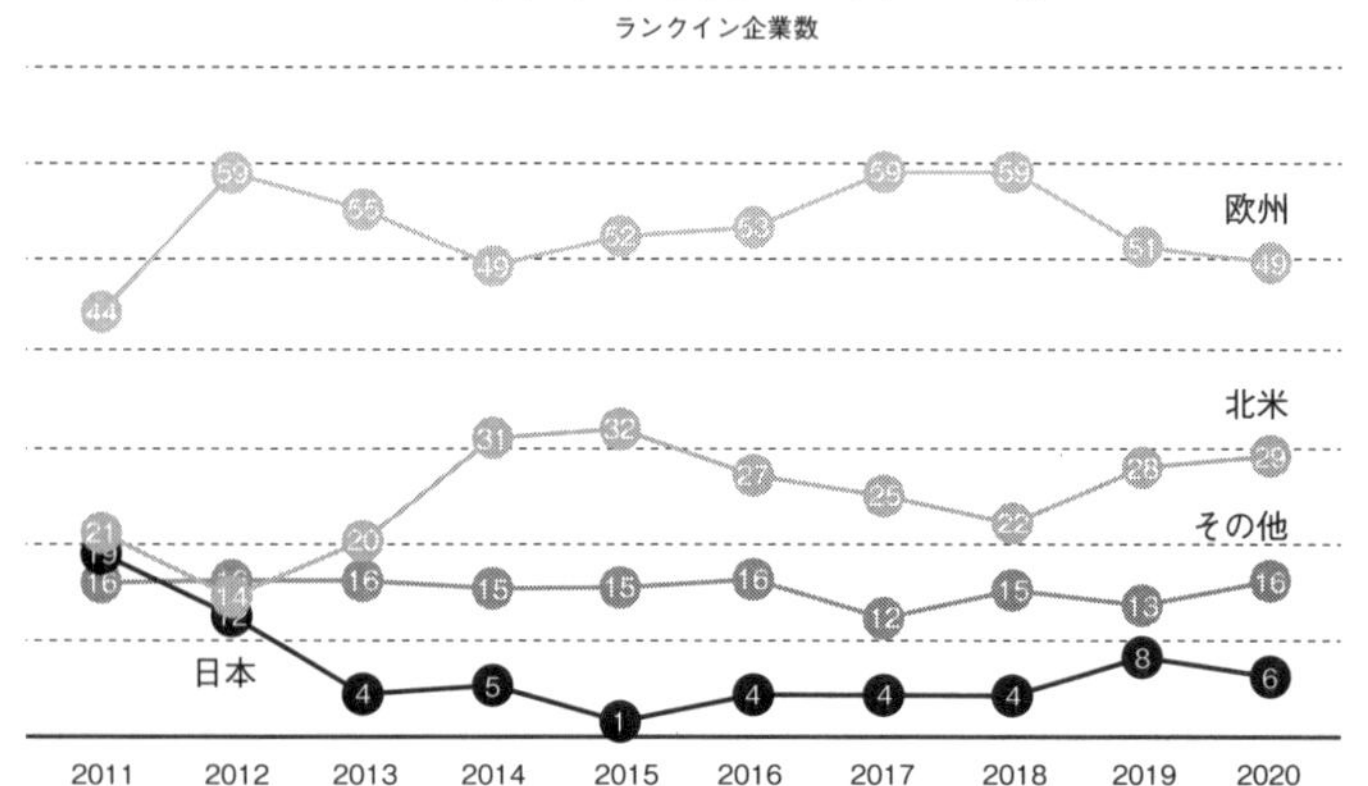

（出典）著者作成

短期思考経営は、長期思考経営の日本にはなじまない」という声があった。しかし、この頃にはアングロサクソン型と呼んでいた米英の機関投資家から、「どうして日本企業はそれほどまでに短期思考経営なのか」という言葉が飛び出すようになっていた。それを象徴するかのように、毎年ダボス会議で発表される「世界で最も持続可能な100社（Global 100）」に選出される日本企業数も、2011年から急降下を辿っていた（図10）。

第６章　ニュー資本主義が産み出したパリ協定・ＳＤＧｓ

気候変動懐疑派の退潮

気候変動の話題は、今でこそ日本でも耳にすることが増えた。気候変動によって、将来、「台風が巨大化する」「豪雨による洪水被害が増える」「熱波で森林火災が激しくなる」「猛暑で健康被害が出る」などといった具体的な懸念も指摘されるようになった。

しかし第5章で紹介したように、２０１１年のダボス会議で発表されたグローバルリスク報告書では、すでに気候変動が最も高いリスクとして認識されていた。東日本大震災のタイミングで、気候変動がグローバル企業の経営陣や機関投資家にここまで強く認識されていたことに驚いた方もいるかもしれない。だが欧米の経済界では、２０１０年頃からすでに気候変動が経済と社会に大きな被害をもたらしていくことが見通されていた。

欧米と日本の認識がどのようにずれていくのかを知るために、気候変動に関する議論の歴史を少しおさらいしておきたい。気候変動の議論が国際政治のテーマとなったのは、１９９4年に発効した国連気候変動枠組条約からだ。今日まで毎年気候変動の国際会議が開催される度に「ＣＯＰ（コップ）」という言葉がメディアに登場するが、ＣＯＰとは「締約国会議(Conference of the Parties)」という意味だ。つまり、国連気候変動枠組条約に加盟している締約国が毎年集まって開催する会議のことを指し、１９９5年の第1回会議がＣＯＰ1、１

９９６年の第2回会議がＣＯＰ2というように名前が付いている。１９９７年には京都でＣＯＰ3が開催され、そこで先進国の二酸化炭素排出量削減目標を初めて決めた国際条約「京都議定書」が採択された。

京都議定書で定められた国別の削減目標は、15年後の２０１２年までに、１９９０年を基準としＥＵが８％減、アメリカが７％減、カナダと日本は６％減。経済成長がこれから本格化する発展途上国には目標は課されなかった。その後、アメリカは京都議定書の発効前の２００１年に離脱した。残りの国で京都議定書は２００５年に発効し、アメリカ以外の先進国は二酸化炭素排出量を削減する義務を負うこととなった。

当時、気候変動については懐疑派も多かった。まず、そもそも地球温暖化なんてものがウソだという説だ。たとえば、気温の源となる太陽活動は低下しており、今後地球は温暖化どころか寒冷化していくという主張があった。別の説は、地球は温暖化しているかもしれないが、人間社会による二酸化炭素排出が原因ではないという主張だ。その根拠には、地球は寒冷と温暖を繰り返していて、たまたま今は温暖化しているだけというタイミング論や、太陽の黒点の影響、温かい水蒸気の影響など、さまざまな説が飛び交った。

しかし、２００７年頃から懐疑派の声は小さくなっていく。この年、国連の中で気候変動を分析する専門家の機関「気候変動に関する政府間パネル（ＩＰＣＣ）」が第４次評価報告書を発表した。この報告書は、懐疑派の意見を踏まえつつも、１９９０年代中頃から確認される地球温暖化の大部分は、人間活動による二酸化炭素排出が原因とし、その確率は90％以上と結論づけた。

さらに、この第４次評価報告書では、気候変動が経済に与える影響についても数多くの知見が発表されている。たとえば、予見された気候変動による将来の経済リスクには次のようなものがあった。[37]

- 中央アジアや南アジアの穀物生産量は最大30％減少する
- 重要な作物の生産量と家畜の生産力は減少し食料安全保障に悪影響を与える
- 大きな湖では水温上昇で漁業資源が減少する
- ２０８０年代までに数百万の人々が海面上昇により毎年洪水に見舞われる
- 干魃の影響を受ける地域が増加する可能性が高い
- 豪雨の頻度が増す可能性が非常に高く洪水リスクが増加する
- 森林火災の危険性が増加する
- 中緯度の一部の乾燥地域と乾燥熱帯地域では河川流量と利用可能水量が10〜30％減少する

これに呼応するかのように、懐疑派の急先鋒であった米国石油地質家協会も同じ年に、従来の見解を翻し、地球が温暖化していることを認め、温暖化の原因についても人間社会の二酸化炭素排出が影響している可能性があるという立場を示した。強力な理論武装を続けていた米国石油地質家協会が翻意したことで、懐疑派の声が一気に静まった。

京都議定書の失敗

こうして、科学者から経済リスクについての危機が予見されたのだが、この将来リスクに対する受け止め方は、政府と企業では大きく違った。

まず各国政府は、その後どう動いたのか。結論を先に言うと、二酸化炭素排出量の削減目標を先進国に課した京都議定書が空中分解して終わった。アメリカはすでに紹介したように2001年に京都議定書から離脱した。そのこともあり、目標達成期限の2012年には、7％減の目標に対し、実際には4・3％増とむしろ増えた。カナダも目標達成がとうてい厳しいことがみえたため2011年に脱退し、6％減の目標に対し18・2％増と散々な結果だ

37　環境省（2007）「IPCC4次評価報告書第2作業部会報告書 作業部会報告書概要（公式版）」

った。一方、8％減目標のEUだけは、ドイツやスペインなどで再生可能エネルギー発電電力を固定価格で高額買取する「固定価格買取制度（FIT）」が大規模に導入されるなどし、2012年に15・1％減と高い次元で目標を達成した。その間も、経済成長著しい新興国でも排出量は増え続けた。

ではは日本政府はどうだったか。日本は6％減の目標に対し、最終的に1・4％増と未達成だった。[38]しかも京都議定書は2008年から2012年までの5年間の平均排出量を実績数値とするルールになっており、日本はその間にリーマン・ショックと東日本大震災という2つの出来事があった。このタイミングでは、経済が停滞し二酸化炭素排出量が減ったのだが、それでも5年平均では基準年の1990年に比べ1・4％増だった。東日本大震災翌年の2012年単年では、1990年に比べ6・5％も増えていた。

ただし日本政府は、京都議定書の制度を駆使し、最終的に国連に報告する数値は「8・4％減」とすることに成功する。

京都議定書には、外国での二酸化炭素排出量削減に貢献した分を自国での削減量としてカウントすることを認める「京都メカニズム・クレジット」という制度が認められていた。日本政府は、京都議定書の目標未達成がほぼ確実となった2006年から、経済産業省所管の新エネルギー・産業技術総合開発機構（NEDO）が主導し、クレジットのかき集め事業が本格化した。中国での水力発電、バイオマス発電、廃熱回収発電、肥料工場での一酸化二窒素削減、ブラジルの化学工場での一酸化二窒素削減の事業を開始して、なんとかクレジットを確保したが、それでも足りない。最後は、ウクライナとチェコの両政府に対し、省エネ・プロジェクトに活用することを前提に巨額の資金を貸し出し、それを前もって一括してクレジット化するというウルトラCの裏技「グリーン投資スキーム（GIS）」を考案し、なんとか帳尻を合わせた形だった。クレジット購入に費やした予算は総額1600億円。京都議定書の中で認められたクレジットを世界で最も駆使して活用したのは日本だった。

その結果、日本は京都メカニズム・クレジットの分だけで排出量を5・9%分も減らすことに成功する。その上、2001年のCOP7マラケシュ会議で、国内の森林管理を適切にすることで大気中の二酸化炭素を木が吸収した分も自国の削減量としてカウントすることを強く提案し、なんとか認めさせた。この森林管理からの吸収分で3・9%の削減分をなんとか確保できた。こうして最終的には、真の実績1・4%増に対し、制度を活用した排出削減分が合計で9・8%。差し引きした結果、国連報告数値を「8・4%減」にできたのだった。[39]

38　国立環境研究所（2014）「京都議定書目標値と京都議定書基準年から2012年までの変化」
39　環境省（2014）「2012年度（平成24年度）の温室効果ガス排出量（確定値）について（お知らせ）」

実は京都議定書はその後にも続きがあり、2013年から2020年までを第2約束期間とする京都議定書改正案が採択され、EUは1990年比20%減などの新しい国別目標が定められた。しかし日本政府は、アメリカと中国が目標設定の対象にならないまま残った国だけで削減目標を設定することは不公平と猛抗議し、会議は全会一致が原則のため、日本には目標を設定しないまま話が進むこととなった。外務省は第2約束期間の交渉過程で、「先進国が早急に義務を負えば、米、中などもついてくるというのは全くの幻想」という台詞まで残している。[40]

結局、この改正案は採択されども批准国が規定の数に達せず、発効しないまま役割を終えた。こうして、政府による国際会議は2012年に空中分解し、2016年にパリ協定が発効するまで国際的な削減目標が何もない状態に陥った。

先行する金融機関の気候変動対策

一方、リーマン・ショック後にニュー資本主義が到来した欧米のグローバル企業は、まったく異なるアクションを起こし始める。たとえばイギリスの金融機関大手HSBCは、すでに2010年の時点で気候変動が金融リスクになりうると考え、事業4部門のトップを招集した「気候ビジネス会議（CBC）」を設立した。翌2011年には、早くも石炭ポリシーを策定し、二酸化炭素を多く排出する低効率の石炭火力発電所を新設する案件には融資しないことを決めた。またＨＳＢＣは、気候変動により水リスクが増大することを鑑み、２０１２年に政治家、投資家、ＮＧＯ、従業員、事業会社等を集めた「世界水会議」を自ら開催。工業用水の確保に向けた投資機会について議論を交わしている。

　気候変動がもたらす経済リスクについては、２０１２年10月にニューヨークを襲った巨大ハリケーン「サンディ」でのエピソードが有名だ。巨大ハリケーンがニューヨークを直撃することを想定した予行演習を事前に実施していたＨＳＢＣは、事業復旧が早く、ニューヨーク証券取引所が２日間休場した後に再開したときには、通常の業務体制に戻っていた。こうして競合他社がまだ立ち直らない中、顧客の信頼を高めていったのだ。

　ＨＳＢＣのような欧米金融機関が、早くから気候変動の問題に関心を寄せた背景には、ＮＧＯの存在も大きい。バンクトラックやレインフォレスト・アクション・ネットワーク（ＲＡＮ）という国際環境ＮＧＯが、石炭資源開発での環境破壊や気候変動への悪影響を示すレポートを毎年発表し、執拗に欧米の銀行を非難したことも関係していた。

　国際環境ＮＧＯカーボントラッカーが、２０１１年に「座礁資産」という概念を提唱した[41]

40　外務省（２０１０）「京都議定書に関する日本の立場」

ことで、金融機関は自分たちの投融資が気候変動によって損失を被るかもしれないと考えるようにもなった。座礁資産とは、将来経済利用できなくなる化石燃料（石炭・石油・ガス）を指す。人間社会は発電や自動車燃料で化石燃料に依存した生活を送っているため、化石燃料は投資家や銀行にとって非常に人気のある投融資先だった。しかし、気候変動を抑えるために二酸化炭素排出量が規制されると、経済資源として活用できなくなる。すると、資産価値のなくなった化石燃料資源を保有している資源採掘会社や、化石燃料に依存している電力会社の利益が今後、大きく減るかもしれない。HSBCなどの金融機関はこのように考えるようになっていく。とりわけリスクとみなされたのは、化石燃料の中で最も二酸化炭素排出量の大きい石炭だった。

他方、その頃の日本では、気候変動に関する話題は皆無だった。政府は京都議定書からも距離を置こうとしたタイミングだったため、当然新たな政策は出てこない。むしろ東日本大震災後の原子力発電所停止により、政府は石炭火力発電所に活路を見出し、国内での新設と海外輸出に全力を挙げていた。ニュー資本主義に移行していない日本企業と機関投資家も、短期的に利益をあげるためには二酸化炭素排出量規制はむしろ邪魔だと考えていた。メディアでは、むしろ２００７年あたりから懐疑派の本が続々と出版された。その結果、国民の間には気候変動に対する懐疑的な見方が広がっていった。

気候変動8大リスク

こうして、欧米と日本の企業でまったく逆の道を歩んでいたタイミングで、２０１４年にＩＰＣＣが第５次評価報告書を発表する。今回の報告書は、７年前に発表された第４次報告書と比べ、現状分析と予測の精度がさらに上がった。気候変動の原因が人間社会の二酸化炭素排出量であるとする確率は、第４次報告書の90％以上から、第５次報告書では95％以上にまで上昇し、ほぼ揺るぎないものとなる。そして、将来の8大リスクとして次のように列挙した。

・高潮、沿岸域の氾濫および海面水位上昇による、沿岸の低地並びに小島嶼開発途上国およびその他の小島嶼における死亡、負傷、健康障害、生計崩壊のリスク
・いくつかの地域における内陸洪水による大都市住民の深刻な健康障害や生計崩壊のリスク
・極端な気象現象が、電気、水供給並びに保健および緊急サービスのようなインフラ網や

41　Carbon Tracker Initiative（2011）「Unburnable Carbon」

重要なサービスの機能停止をもたらすことによるシステムのリスク

- 特に脆弱な都市住民および都市域又は農村域の屋外労働者についての、極端な暑熱期間における死亡および罹病のリスク
- 特に都市および農村におけるより貧しい住民にとっての、温暖化、干魃、洪水、降水の変動および極端現象に伴う食料不足や食料システム崩壊のリスク
- 特に半乾燥地域において最小限の資本しか持たない農民や牧畜民にとっての、飲料水および灌漑用水の不十分な利用可能性、並びに農業生産性の低下によって農村の生計や収入を損失するリスク
- 特に熱帯と北極圏の漁業コミュニティにおいて、沿岸部の人々の生計を支える、海洋・沿岸生態系と生物多様性、生態系の財・機能・サービスが失われるリスク
- 人々の生計を支える陸域および内水の生態系と生物多様性、生態系の財・機能・サービスが失われるリスク

ここで指摘された8大リスクは、発展途上国や農村に関するものが多い。しかし経済がグローバル化している時代には、先進国の経済や生活は、発展途上国で収穫される農作物・魚介類や労働に大きく依存している。そのため、世界のどこかで異変があれば、それが回り回

って世界中に影響が及んでしまう。

世界中で事業を展開しているグローバル企業は、特にその影響を受けることになる。自分たちが原材料を調達しているインドの茶葉農園は大丈夫なのか。自分たちがコーヒーを調達しているエチオピアでは将来どのような異常気象が起こるのか。フィリピンのエビ養殖場は洪水被害にあわないのか。沿岸部にある発電所は海面上昇で浸水しないか。巨大なハリケーンに損害保険会社は耐えられるのか。自分たちが投融資している企業は本当に将来性があるのか。こうした不安が自分ごととして頭から離れなくなる。

石炭投資引き揚げ

このようにして、グローバル企業や大手金融機関は、政府以上に気候変動が世界のどの地域にどのような変化を引き起こすのかに強い関心を寄せていった。研究機関やＮＧＯ、さらには企業や金融機関自身が実施した分析から、次々と悲観的な将来予測が示されると、金融機関はさらに気候変動に対するリスク認識を強めていった。２０１１年にダボス会議で強く認識された気候変動リスクは、年とともに、ますますリスク認識を高め、気候変動はニュー資本主義にとって最大の長期リスクと考えられるようになった。その結果、金融機関は、リスク対策の一環として気候変動を食い止めるアクションを強めていった。

まず２０１３年には、世界銀行グループが石炭関連への融資を原則禁止すると発表。２０１４年には、ＨＳＢＣが森林破壊を伴いやすい山頂除去採掘（ＭＴＲ）型の石炭資源開発への融資を全面禁止する。ＮＧＯバンクトラックらに狙われていた他の欧米大手銀行も、石炭採掘への新規融資を大幅に制限し始める。融資制限は石炭火力発電分野にも波及し、２０１５年には、ＢＮＰパリバ、クレディ・アグリコル、ゴールドマン・サックス、モルガン・スタンレーも石炭火力発電への融資を制限するポリシーを公表した。

機関投資家側でも２０１５年に、ノルウェー政府年金基金ＧＰＦＧ、カリフォルニア州職員退職年金基金（カルパース）、カリフォルニア州教職員退職年金基金（カルスターズ）、オランダＡＢＰとＰＦＺＷが石炭関連企業株式の全売却を決定した。こうして、石炭ダイベストメント（投資引き揚げ）という言葉も浸透していく。

実際に２０１５年は、アメリカでシェールガスが大量に採掘され始めた年でもあり、エネルギー供給過多でアメリカの石炭価格が暴落した。石炭採掘大手のパトリオット・コールが5月、ウォルター・エナジーが7月、アルファ・ナチュラル・リソーシズが8月に倒産、翌２０１６年1月にはアーチ・コールが、4月には最大手ピーボディ・エナジーまでもが倒産に至る。資源大手に融資していた銀行と、投資していた投資家は、大きな損失を被った。

こうした金融機関の気候変動リスク認識を受け、ついに政府が動く。２０１５年4月にＧ

20が、世界の金融当局が加盟している金融危機対応の国際機関「金融安定理事会（FSB）」に対し、気候変動による金融リスクの調査を依頼する。主導したのは、G20の中でも、オバマ政権時代のアメリカ、フランス、中国、インド、ロシア、オーストラリア、サウジアラビアだった。

そして、FSB議長を務めていたイギリス中央銀行のイングランド銀行マーク・カーニー総裁は2015年9月、ロイズ・オブ・ロンドンでおこなったスピーチで、化石燃料が座礁資産化し、資産価値が下落することによる銀行の金融危機の可能性を指摘。予防のためにエネルギー企業に資産価値下落の見通しを情報開示させる制度が必要と声明を発表した。フランスではその前の7月にエネルギー転換法が成立し、上場企業、銀行、機関投資家に対し、気候変動による財務リスクを報告することを義務化。同時に機関投資家に対しては、ESG投資の導入を半ば義務付ける規定も盛り込んだ。これらはすべて、2015年12月にパリ協定が採択される前に起こった出来事だった。

屈服したティム・クック

一方、企業側の動きは、環境NGOのグリーンピースとアップルによって動かされていった側面が強い。2012年4月にグリーンピースは、社会的な影響力が大きくなったGAF

Aなどの IT企業を対象に勝手格付けを実施し、サーバーなどの消費電力を石炭火力発電や原子力発電に依存しすぎていると批判した。

このレポートは、100点満点で、グーグル39・4、アップル15・3、フェイスブック36・4、アマゾン13・5と厳しいスコアをつける。そしてその後すぐ、グリーンピースの活動家がドイツのアップルストアに化石燃料を彷彿とさせる黒い風船を大量に持ちこんで放ち、天井を黒い風船で覆い尽くすという強硬手段に出る。「アップルは化石燃料に依存していて、まったくクリーンではない」と。

アップルはその5日後にニューヨーク・タイムズ紙で声明を出し、「グリーンピースが試算した電気使用量が多すぎる」「新設データセンターでは再生可能エネルギーを導入する予定」と反論した。しかし、グリーンピースは団体のホームページで、データと統計を駆使してアップルのアクションが不十分だという科学的な論文を直ちに掲載。ついに翌月アップルは、自社ホームページ上に声明を出し、全米4ヵ所の既存のデータセンターをすべて再生可能エネルギーに切り替えることを表明した。グリーンピースの反論に屈した形となったのだ。しかしそれでも不十分とするグリーンピースは、アップルとの間で約1年間の攻防を繰り広げる。ついに2013年3月、アップルは事業の全電力を100%再生可能エネルギーに切り替えるための具体的プランを公表した。グリーンピースの勝手格付けから11ヵ月後の出来事だった。

グリーンピースの勝手格付けが響いたのはアップルだけではなかった。グーグルも２０１３年４月、事業消費電力の再生可能エネルギー比率を高めるため、１００万ドルの風力・太陽光発電所への投資計画を発表。グーグルが契約していた電力会社のデューク・エナジーにも、再生可能エネルギー比率を高めることを要求する。

マイクロソフトも２０１４年10月、シーメンスと共同で自社データセンターの付近でバイオガス発電所を建設する計画を発表し、アマゾンも同年11月、クラウドサービスＡＷＳの消費電力を将来的に１００％再生可能エネルギーにすると宣言した。

ここからアップルのティム・クックＣＥＯは、再生可能エネルギー推進の旗手になっていく。２０１４年９月には環境ＮＧＯのザ・クライメート・グループが開催した気候変動集会に、ユニリーバのポール・ポールマンＣＥＯ、巨大ハリケーンでの損害保険支払いで警鐘を鳴らし始めたスイス再保険のマティアス・ウェーバー最高引受責任者、ジョン・ケリー米国務長官、潘基文国連事務総長らとともに、クックも登壇。気候変動対策の重要性を訴え、再生可能エネルギー１００％の世界を実現していこうと提唱した。このＮＧＯのイベントには、ブルームバーグ、ＢＭＷ、ＨＰなどもスポンサーとなり資金支援した。

その会議からは、１００％再生可能エネルギーで事業を運営することを誓うイニシアチブ

「RE100」や、二酸化炭素排出量の削減目標を、気温上昇を産業革命前から2℃未満に抑える目標と整合性のある科学的根拠に基づく数値で設定する「SBT」という団体が発足する。運営はすべてNGOが担うものだったが、あっという間にグローバル企業や機関投資家の支持を集めていった。そして発足からわずか3ヵ月後には、RE100に、ゴールドマン・サックス、ウォルマート、ユニリーバ、P&G、ネスレ、スターバックス、イケア、ジョンソン・エンド・ジョンソン、ナイキ、マイクロソフト、H&M、UBS、SAPなどが加盟した。これらもすべてパリ協定が採択される前に起きたことだった。

アップルは2016年とやや遅くに加盟するが、自社だけでなく、iPhoneやMacBookの製造委託先や部品供給企業にまで再生可能エネルギーへの切り替えを要求していく。この頃にはすでに、アメリカでも中国でも、太陽光発電や風力発電の建設・発電コストは劇的に下がり、火力発電所や原子力発電所と十分に伍することができる価格競争力になっていたことも大きい。再生可能エネルギーに切り替えても、コスト高にならない状況が生まれていたため、もはや切り替えを止めるものはなかった。中国企業でも、遠大集団が2015年3月に第1号で加盟した。

満を持して開かれたCOP21パリ会議

　IPCCが将来の経済・社会リスクで警鐘を鳴らし、企業もエネルギーやビジネスモデルの転換を急速に進める中、ついに2015年のG20財相・中央銀行総裁会議で、政府側も大きな判断を出す。気候変動の進展は機関投資家や金融機関の投融資に急激に影響を与え、新たな金融危機の火種になるかもしれないため、金融危機を未然に防ぐためには新たな政策が必要となる。そこで金融当局の国際機関である金融安定理事会（FSB）に対し、金融機関が気候変動に対処すべき方向性を定めるよう要請した。リスク対策を十分におこなうためには情報の透明化が必要だと考えたFSBは、この年の12月4日に、気候関連財務情報開示タスクフォース（TCFD）という活動を発足させた。機関投資家、金融機関、企業のそれぞれが気候変動から受ける事業リスクや事業機会を十分に分析し、開示するための枠組みを作っていくことになった（表4）。

　こうして2015年12月初旬までに、ニュー資本主義に移行したグローバル企業や金融機関、G20諸国の間では、気候変動対策待ったなしの気運が高まる。その状態で開催された気候変動枠組条約のCOP21パリ会議。この条約に加盟している全196ヵ国の政府は2015年12月12日、自主的に二酸化炭素排出量の削減目標を設定し相互に目標と達成状況をチェ

表4　気候変動が各業種に与える主要リスク

電力	政策誘導による火力発電需要の低下。再エネへの移行。海面上昇による水没
資源	政策誘導による化石燃料需要の低下
鉄鋼・化学	低炭素型製品生産に失敗した企業の競争力低下
自動車	ガソリン・ディーゼル車から電気自動車・燃料電池自動車へのシフト
半導体	利用できる水資源の減少。政策誘導による火力発電由来の燃費の高騰
運輸	自然災害による交通網の遮断。政策誘導による火力発電由来の燃費の高騰
農業・食品	農作物不作。栽培できる品種の変化。利用できる水資源の減少。原材料調達の停止
漁業・食品	慢性的な不漁。回遊ルートの変化。魚種の絶滅
アパレル	農作物不作や家畜健康被害による原材料調達の停止。利用できる水資源の減少
不動産	異常気象による洪水多発。海面上昇による水没。火力発電由来の電力料金の高騰
住宅	建築資材の高騰。森林火災増加による木材調達の停止
小売	食品・アパレル品の仕入れ停止。洪水被害。海面上昇による水没
IT	政策誘導による火力発電由来の電力料金の高騰。サーバーセンターの水没
保険	異常気象・自然災害多発による損害保険ビジネスの崩壊
銀行	気候変動により影響を受ける企業への融資の不良債権化

（出典）著者作成

ックしあうという新たな国際条約に合意する。それが３年前に失意に終わった京都議定書に代わる新たな国際条約として誕生したパリ協定だった。

パリ協定に出遅れた日本

パリ協定は、その後、アメリカ、ＥＵ、カナダ、中国、韓国、インド、ロシア、メキシコ、ブラジルなどが相次いで批准し、２０１６年11月４日に発効条件を満たし発効する。しかし京都議定書からの感覚を引きずり、経済発展には気候変動対策は障害だと思い続けていた日本は、政府も産業界もパリ協定がこれほど早く各国で批准されるとは思っておらず、批准が発効日に間に合わなかった。そのためＣＯＰ22のパリ協定締約国会議では投票権のないオブザーバー参加に終わった。Ｇ20諸国の中で批准が発効日に間に合わなかったのは、日本、トルコ、オーストラリアの３ヵ国だけだった。

先述したＴＣＦＤは、２０１７年６月に最終報告書を発表し、機関投資家、金融機関、企業に対し自主的に気候変動による事業リスクと事業機会を報告させるためのフレームワークを固める。すると欧米政府はすぐに動き出す。ＥＵやイギリスでは、ＴＣＦＤのフレームワークによる情報開示を法制化する検討が始まった。気候変動対策に積極的ではないトランプ政権率いるアメリカでも、州レベルではカリフォルニア州政府が保険会社に対しＴＣＦＤフレームワークを用いた経営監査をすぐに実施した。

欧米以外の国でも、反応は日本より早かった。ＴＣＦＤ最終報告書発表から半年が経過した２０１７年12月に、イギリスとフランスの中央銀行の呼びかけにより、政府の金融当局による金融機関監督において気候変動リスクを盛り込んでいく手法を検討する会議体「ＮＧＦＳ」が発足するのだが、中国、シンガポール、メキシコの金融当局も発足メンバーとして最初から参加した。しかし日本政府は状況がよく飲み込めず、オブザーバー参加に留まった。

この状況でもまだ日本政府は動かない。２０１５年12月に発足したＴＣＦＤには、日本企業では東京海上ホールディングスからも策定委員が出ており、日本政府に対してもたびたび状況が報告されていたのだが、あくまでも民間の取り組みとして重要テーマとは扱われなかった。２０１７年6月にＴＣＦＤ最終報告書が発表されたときも、「企業の自主的努力に期待する」が政府の基本姿勢だった。

経済産業省がようやくＴＣＦＤに関心を示し、「グリーンファイナンスと企業の情報開示の在り方に関する『ＴＣＦＤ研究会』」を発足したのは、最終報告書発表から1年も後の２０１８年6月だった。産業界の行動はさらに遅く、経済産業省や環境省が旗を振り始めるのを見てから、ＴＣＦＤについて勉強し始めるという状況だった。金融当局の会議体ＮＧＦＳに金融庁が加盟するのは２０１８年6月と、発足から半年後だった。日本銀行が加盟するのは２０１９年11月とさらに遅く、発足から約２年が経過していた。

企業主導の再生可能エネルギーへの切り替えでも、日本企業は大きく出遅れた。日本のＲＥ１００加盟第１号は、２０１７年４月に加盟したリコー。中国の第１号加盟から２年以上、パリ協定採択からも１年半が経過していた。その他の日本の大企業については、リコーが加盟するまでＲＥ１００の存在すら知らずにいたところが大半だった。ＲＥ１００の存在を知った日本企業は、海外では１００％再生可能エネルギーに切り替える企業があるという動きを知り衝撃を受けるのだが、しかしもうその頃には、海外の大手機関投資家は、再生可能エネルギーに切り替えない企業への投資はリスクがあるとみなすレベルにまで来ていた。

グレタ演説にグローバル企業が共感

２０１７年12月、大手機関投資家２２５機関が集い、二酸化炭素排出量の多い１００社に対し気候変動対策を真剣に進めるように迫る活動を開始した。この活動「クライメート・アクション １００＋」では、二酸化炭素排出量を削減し２℃目標を遵守する方針はあるか、取締役会の中に気候変動問題に詳しい取締役はいるか、石炭火力発電への依存度を段階的に廃止する計画はあるか、などを要求していく。集まった２２５の機関投資家の運用資産は、総額で約３０００兆円と巨大だ。ターゲットとされた１００社の中には、日本企業も10社含まれていた。

そのとき日本は、石炭火力発電所の建設がラッシュを迎えており、新設プロジェクトの数は40を超えるという状態だった。日本企業は、石炭火力発電を進める日本政府と、石炭火力発電から再生可能エネルギーへの切り替えを迫る自分たちの株主との間にある大きなズレを目の当たりにし、頭を抱えていくことになる。

日本では気候変動に関するメディアの関心も低かった。メディアが世界的な気候変動の話題にようやく関心を寄せるようになったのが、2019年9月にニューヨークで開催された国連気候行動サミットだ。就任したばかりの小泉進次郎環境大臣が初参加する国際会議ということで、日本のマスコミが会場に殺到した。そこで当時16歳だったスウェーデンの少女グレタ・トゥンベリが、怒りをあらわに演説し、「よくもまあ、そんなことを(How dare you)」という名台詞を残す。これが一気にお茶の間の話題をさらった。

その結果、日本で巻き起こったのは、環境活動家グレタ・トゥンベリの脱資本主義的な主張に対し、「環境よりも経済が重要」というオールド資本主義思想を丸出しにした反論だった。しかし、ニュー資本主義に移行済みのグローバル企業と機関投資家は、グレタ・トゥンベリの発言に大いに共感した。脱資本主義とニュー資本主義は立脚する思想は違えど、気候変動対策そのものを進めるべきという総論では考えが一致していたからだった。

国連持続可能な開発目標（ＳＤＧｓ）の採択

パリ協定の採択と同じ２０１５年には、９月に「国連持続可能な開発目標（ＳＤＧｓ）」が誕生しているが、こちらもパリ協定と同様に、採択されたときには日本ではまったく話題にならず、数年後に急に話題になり始めるという特徴を持っていた。

ＳＤＧｓは、第２章で紹介した１９９２年地球サミットの「アジェンダ21」、２０００年に２０１５年までの国際社会のゴールを定めた「ミレニアム開発目標（ＭＤＧｓ）」から直接の流れを汲んだもので、ＭＤＧｓの目標期限が２０１５年に切れるため、その次の15年間の目標を立てるためのものだった。そのためＳＤＧｓは、２０３０年を期限とした新たな国際社会の目標という位置づけで、国連総会で全加盟国の支持を得て採択された。ＭＤＧｓと同様に、飢餓、貧困、医療、基礎教育、ダイバーシティ、生物多様性、海洋保全、森林保全、気候変動、リサイクルなどで17のゴール、そのゴールを細かくした１６９の目標が設定されている。

ＳＤＧｓの策定に向けた議論は、当時の潘基文国連事務総長によって２０１２年に始まるのだが、まさにニュー資本主義が活発化してきたタイミングに該当している。企業は、長期リスクに対する理解を深めたり、効果的なアクションを打ったりするため、すでに国際機関やＮＧＯとの連携を積極的に進めていった時期だ。

たとえば、ジーンズで有名なアメリカのリーバイ・ストラウス（リーバイス）は、２０１４年から国際労働機関（ＩＬＯ）と世界銀行グループの国際金融公社（ＩＦＣ）が展開する発展途上国での労働改善プログラムに参加している。このプログラムを通じて、リーバイスはＩＦＣとパートナーシップを締結し、発展途上国の縫製委託先企業に対し、環境、健康、安全、労働に関する水準を改善した場合に、金利を安くする短期融資を提供した。発展途上国の企業は、改善をしたくても資金力がない上に、市中銀行からなかなか融資が得られない。取引先のリーバイスが融資を用立ててくれるのはありがたかった。

リーバイスにとっても、委託先企業を育成し、長期的に安定した操業を続け、生産品質を上げられるような優良なサプライヤーを確保できれば、サプライチェーンの安定化に大いに資する。リーバイスは現地縫製委託先企業の支援を重要な事業戦略と位置づけていた。

また、リーバイス、アディダス、ナイキ、Ｈ＆Ｍ、イケアなどは、２０１０年からアパレル製品や家具の原料になる綿花を、無農薬・非遺伝子組み換え・フェアトレードなどの高い基準を満たすものに切り替えていく動きを始める。このときに重要なパートナーとなったのが、国際環境ＮＧＯの世界自然保護基金（ＷＷＦ）だった。ＷＷＦは２００５年から環境基準や生産者の所得に配慮した綿花認証「ベター・コットン・イニシアチブ（ＢＣＩ）」を呼びかけていたのだが、これらの企業が発足メンバーになる形で、２０１０年にＢＣＩ認証が誕生する。上記の企業を含む多くの欧米企業は、すでに調達する綿を１００％、ＢＣＩ認証と同等のものに切り替える計画を発表しており、２０２０年代の早いタイミングで実現する見込みだ。

廃棄物問題では、２０１２年にイギリスのエレン・マッカーサー財団が、廃棄物の削減やリサイクルを推進する「サーキュラーエコノミー（循環型経済）」の概念を提唱するのだが、この時点でアメリカのＩＴ製品大手シスコシステムズとイギリスの通信大手ＢＴがこの概念の普及活動に参加していた。その後、２０１５年に国連環境計画（ＵＮＥＰ）が海洋プラスチックごみについての問題を提起するレポートを出したが、その時点ですでにエレン・マッカーサー財団、世界経済フォーラム、マッキンゼー、ユニリーバ、コカ・コーラ、イケア、ネスレ、ダウ・デュポン、テラサイクル、アメリカのアトランタ市、デンマークのコペンハーゲン市などは、プラスチック代替物の開発やプラスチック・リサイクルを推進する共同プロジェクトを発足させ、脱使い捨てプラスチック事業を新たな収益源にするために先手を打っていた。日本にこの話題が入ってきたのは、スターバックスやマクドナルドが使い捨てプラスチックストローの廃止を発表した２０１８年で、すでに４年以上の歳月が流れていた。

サプライヤーを監査する

サプライヤーのリスク対策も大きく進展した。電機・電子業界では、2004年にHP、デル、IBM、彼らの製造受託先だったシンガポールのフレクトロニクス（現・フレックス）など9社のCSR担当者が社外セミナーで意気投合し、電子業界行動規範（EICC）という団体をアメリカのバージニア州に発足させた。さらに自主的に議論を重ね、環境、労働、地域社会等の関わりに関する自主規制規範として、団体名と同じ「電子業界行動規範（EICC）」を発表する。日本企業では2005年からソニーの担当者も参加し積極的なコミュニケーションがおこなわれていた。

このEICCが大きく変化したのもリーマン・ショックからだった。EICCは自主規制規範からサプライヤー監査基準としての性格を色濃くし、認定監査プログラムを2009年にスタートさせた。サプライヤーの排ガス・廃水・廃棄物、二酸化炭素排出量、水消費量や、労働条件、労働時間、ダイバーシティ、差別、児童労働で統一基準を定め、サプライヤーを格付けし、改善を要望していった。

2009年の時点でEICCに加盟していた企業は、他にもアップル、シスコシステムズ、インテル、マイクロソフト、エヌビディア、オン・セミコンダクター、シーゲイト、サン・マイクロシステムズ、ゼロックス、イーストマン・コダック、アプライドマテリアルズなどがあった。日本からはソニーと日立グローバルストレージテクノロジーズだけだったが、アジアでは他に、韓国のサムスン電子、台湾のフォックスコン、エイサー、ライトン、中国のレノボも加盟していた。日本の部品メーカーの中には、自社でESGの話題が始まるよりはるかに早く、EICC加盟企業からの監査要求を受け、ESG対応を社内で進めたところが結構多い。EICCは、それ以降も活動領域を拡大し、今はRBAと団体名を変え大きな存在になっている。

1320兆円の成長機会

アパレル業界では、2010年にウォルマートとパタゴニアの両CEOのリーダーシップにより、サステナブル・アパレル連合（SAC）が発足する。両CEOを結びつけたのは、ウォルマートCEOのサステナビリティ・アドバイザーであり、パタゴニアの環境担当副社長とアウトドア仲間だったジブ・エリソンだった。

当時のウォルマートは、リーマン・ショック後にサステナビリティを意識したタイミング。そのときたまたま出会ったパタゴニアに、サステナビリティを高めるための教えを請うた。パタゴニアは、巨大なウォルマートがサステナブル・ファッションの領域に進出してくることを警戒し一度は断ったものの、世界全体をサステナブルにするというパタゴニアのミッションに照らせばウォルマートが変革することは大歓迎とし、知見を共有していった。

そして両社は、業界全体でサステナビリティを進めていくことにする。理念を大切にするため既存の業界団体とは距離を置き、個別に理念に共感する仲間を見極めていった。２０１０年に開催された晩餐会には、ＧＡＰ、ナイキ、Ｈ＆Ｍ、ティンバーランド、ヘインズ、マークス＆スペンサーや、香港の利豊（Li & Fung）、環境ＮＧＯを招待し、ＳＡＣが発足。業界共通のブランド、工場、製品、原材料サプライヤーの監査基準を作っていった。日本ではアシックスがその直後に加盟する。しかしその他の企業では、ＳＡＣ加盟の欧米メーカーとの取引を通じてＳＡＣの存在を知った原材料・部材サプライヤーのほうが、先に加盟していった。日本最大手ブランド、ファーストリテイリングの加盟は２０１４年と発足の４年後だった。

グローバル企業たちは、見えてきた潜在リスクに目を向けることで、新たな事業機会を見出せるとも考えた。まさに「必要は発明の母」だ。２０１７年の世界国際フォーラム年次総会「ダボス会議」では、世界の経済活動の約60％を占める「食料と農業」「都市」「エネルギーと材料」「健康と福祉」の４分野で、ＳＤＧｓで掲げられた各目標を追求すると、２０３０年までに年間12兆ドル（１３２０兆円）の経済成長機会があり、新たに最大３・８億人の

表5　12兆ドルの内訳

モビリティシステム	2兆200億ドル
新医療ソリューション	1兆6500億ドル
エネルギー効率関連	1兆3450億ドル
クリーンエネルギー	1兆2000億ドル
手頃な価格の住宅	1兆800億ドル
循環型経済マニュファクチャリング	1兆150億ドル
ヘルシー・ライフスタイル	8350億ドル
食品ロス・廃棄物関連	6850億ドル
農業ソリューション	6650億ドル
森林エコシステムサービス	3650億ドル
都市インフラ	3550億ドル
建築ソリューション	3450億ドル
その他	7400億ドル

雇用が創出されるというレポートが発表された。[42]

12兆ドルは、日本のGDPの2・4倍にもなる巨大な市場だ。当然この中には、収益性を高くできる分野もあれば、どうやっても採算割れするビジネスモデルしか思い浮かばない分野もある（表5）。しかし、もしこの分野で収益性の高いテクノロジーやビジネスモデルを構築できれば、地球課題の解決をしながら大きな利益が得られる。企業にとっては、またとないチャンスに見えた。AI（人工知能）や機械学

42　Business and Sustainable Development Commission（2017）「Better business, better world」

習、オートメーションの研究も、この文脈で注目されている。先行してアクションを開始し、市場を作りながら問題そのものを啓発していくことで、先行者利益を確実なものにすることが可能となる。このように考えたグローバル企業は、各国での法規制や国際条約の確立をむしろ後押しする動きに出ている。

リーマン・ショックが結実させたニュー資本主義により、グローバル企業と国際機関、NGOの連携は進み、機関投資家たちもESG投資を主流化させた。そして、リーマン・ショックから7年後の2015年に、SDGsが採択された。そのときの国連の考えは、

2030年までの地球課題に対し、民間の企業と金融機関がすでに解決に向けたビジネスを展開している。そして民間の資本は、政府や国際機関よりもはるかに大きい。SDGsの達成に向けた主役はむしろ企業と投資家だ。国際機関、政府、NGOは、それでも収益事業化が難しい「取り残されてしまう」分野に対し、援助や寄付を通じて支えていこう。

というものになっていた。SDGsは国連の呼びかけで企業が動くようになったのではなく、国連が企業の動きに触発されて採択したものだ。ここでも「民間が先、政府が後」という状況が生まれていた。

第7章　日本でのニュー資本主義への誘導

世界最大の機関投資家GPIF

ＳＤＧｓとパリ協定が採択されてから、さらに約1年半以上が経過した２０１７年7月3日。日本の国民年金と厚生年金の合計約１７０兆円（２０１9年末現在）の資産運用をすべて担い、世界最大の年金基金として君臨する年金積立金管理運用独立行政法人（ＧＰＩＦ）が、1通のプレスリリースをホームページに掲載する。タイトルは短く「ＥＳＧ指数を選定しました」。日本経済新聞もその日の夜に電子版で「選別投資、市場に存在感　ＧＰＩＦ参入、1兆円規模」と報じた。

これは、ＧＰＩＦがニュー資本主義へ移行したことを知らせる大きな合図となった。しかし、ニュー資本主義が到来していたことに気付いていない多くの金融関係者も日本企業のＣＳＲ担当者も、このニュースをどう理解してよいか苦しんだ。発表内容は、ＭＳＣＩとＦＴＳＥがＧＰＩＦ向けに開発した日本株対象のＥＳＧインデックスを3本（ＭＳＣＩ2本、ＦＴＳＥ1本）採用し、日本株運用30兆円のうち約1兆円で運用し始めるというものだった。だが、日本の金融機関も企業も、ほとんどの人がＭＳＣＩとＦＴＳＥのＥＳＧインデックスの存在を知らず、ＧＰＩＦがどのような決定を下したのかを理解できた人は少なかった。

少し時を戻そう。ＧＰＩＦがこの10年間で世間の話題になったのはＥＳＧ投資が初めてではない。最初に大きな注目を集めたのは、2014年にGPIFの資産運用において24%しかなかった株式運用を、50%にまで2倍以上に引き上げたときだった。

実はわずか数年前まで、GPIFはどのように運用リターンを上げて年金資産を増やしていけるかに腐心していた。日本の公的年金は2001年まで財政投融資という形で政府の公共事業に投資され、運用されていた。しかし、ずさんな公共事業が財政投融資で支えられていることが社会問題となり、1997年に第2次橋本内閣が進めた特殊法人改革で2001年に年金福祉事業団が廃止。かわりに財政投融資ではなく資産運用をする方針に転換するため2006年に設置されたのがGPIFだ。誕生してからわずか十数年しか経っていない。

発足当初のGPIFは、「株式投資は危ない」という世論の下、資産運用の70%以上を債券が占めた。しかもその大半が日本国債への投資という状況だった。そのため投資リターンが小さいことが課題となる。また、株式やオルタナティブと呼ばれる新たな投資分野に投資していくためには、専門的な運用ノウハウが必要となるが、GPIFの理事には運用のプロがいないことが問題となっていた。

そこで所管の厚生労働省は2014年に、資産運用の株式比率を高め、運用担当理事を法定ポストとして新設し、外部から優秀な運用のプロを招聘するため給与体系を柔軟にするGPIF改革を決定した。こうして、2015年1月にGPIF初の運用担当理事兼CIO

（最高投資責任者）に選ばれたのが、ちょうど改革を審議していた厚生労働省の部会の委員にもなっており、イギリスのプライベートエクイティ・ファンド大手コラーキャピタルのパートナー（役員に相当）を務めていた水野弘道だった。水野の役割は、株式やオルタナティブというＧＰＩＦにとっての新たな投資手法を始め、確実に高いリターンを出していくことにあった。

ロンドン生活が長く海外にも友人が多い水野は、ＧＰＩＦにふさわしい年金運用を探るため、欧米の主要な年金基金の運用担当者のヒアリングを重ねていく。彼らの口から出てきたのがＥＳＧ投資だった。２０１５年が欧米の機関投資家にとってどんな状況だったかは、ここまでの本書の読者の方には理解していただけるだろう。

ＥＳＧ投資の存在を知った水野は、ＥＳＧ投資の可能性に期待し、２０１５年9月に国連責任投資原則（ＰＲＩ）に署名する。水野自身もアメリカのカリフォルニア州職員退職年金基金（カルパース）からの推薦を受けてＰＲＩの理事選挙に立候補し、当選する。ＰＲＩの発足からすでに9年以上が経過していたが、ＰＲＩとしても待ち望んでいた日本の公的年金の署名だった。

その後、ＧＰＩＦはＥＳＧ投資のあり方を模索し、ＥＳＧインデックスの公募を実施。国内外のインデックス開発会社や運用会社など計14社から27本のインデックスの応募を集める。最終的に採用したインデックスを公表したのが、先述した２０１７年７月３日のプレスリリースだった。

ＧＰＩＦのＥＳＧインデックス採用

このとき選ばれた３本のインデックスは、すべてＭＳＣＩとＦＴＳＥというグローバル大手のインデックス開発会社のものだった。このことは、日本企業もＭＳＣＩとＦＴＳＥというグローバル基準でＥＳＧを評価され、ＥＳＧスコアの高い企業の株がより買われ、そうでない企業の株が売られる時代に突入したことを意味した。３本のインデックスで運用されると発表された額は１兆円。ＧＰＩＦでの日本株運用の全体は約30兆円だったので、影響は平たく言えば30分の１だが、少ないなりにも株価に影響を与えることに変わりはない。

公募のタイミングでは日本企業も応募したため、日本独自の手法で企業のＥＳＧ評価をするインデックスが採用される可能性もあった。しかし最終的にグローバル統一基準でのインデックスを採用したのは、日本企業のグローバル競争力向上を願った水野らしい判断だったとも言える。

また、選定された３本のうちの１本は、女性活躍に注目したインデックスだった。厚生労働省が導入した女性活躍推進法により大手企業のダイバーシティ情報が整理されたデータベースがたまたまあったので、ＭＳＣＩがうまく活用してインデックス化した。市場関係者の中には、ダイバーシティの情報を見ても将来有望な企業かどうかは判断できないという人もいる。しかしＧＰＩＦは、女性活躍の状況を注視して短期的にリターンを増やすことを狙ったというよりも、長期的に見て日本の人手不足の状況では、女性の活躍推進をしなければ企業に未来はないと考え、インデックスという形で上場企業にダイバーシティを推進すべしとのメッセージを発信したと考えられる。これも投資スパンが50年、１００年と長い年金基金なりの判断だったと言える。

ＧＰＩＦは、この３本のインデックスを発表して具体的なＥＳＧ投資を始めるにあたり、その理由をもちろん説明している。その説明は「社会を良くする」「環境を良くする」ではなく、あくまでも新規採用するインデックスを使って運用するほうが単純な市場平均のインデックスよりも投資パフォーマンスが高いというものだった。年金加入者の年金を預かる年金基金として、受託者責任をきちんと果たした姿勢だった。

ＥＳＧスコアを引き上げリターンを伸ばす

採用された３本のインデックスでの運用額は、１年半後には約１・５兆円になっており、徐々にＥＳＧインデックスでの運用額を増やしていたことがわかる。しかし、ＧＰＩＦのＥ

SG投資は、これにとどまらなかった。

GPIFは170兆円という巨大な資産を運用しているため、非常に幅広い企業の株を持っている。その状況でリターンをさらに増やすためには、株価が上がりそうな企業の株を探すだけでなく、全企業の株価を上げ、日本経済を活性化していけばいい。ニュー資本主義の時代に、海外機関投資家もESGスコアに注目して投資しているのであれば、日本企業のESGスコアを全体的に引き上げれば、株価は上がり、投資リターンは伸ばせる。GPIFはこう考えた。

しかしGPIFは、法律によって、自分自身で投資先企業を決定することも、自分自身で投資先企業と対話をすることも禁止されている。この法律を作ったときの政府は、GPIFは巨大なので、大株主として市場に介入できてしまうことを恐れていた。そのため、GPIFは自分で株や債券を選ぶことはできず、運用手法ごとに運用会社を公募して選定し、すべての資産を運用会社経由で運用するという方法を採っている。しかしこの状態では、投資先企業と対話をしてESGスコアを上げるよう要請することは、GPIFにはできない。そこで考えついた手段が、運用を委託している運用会社に対し、投資先企業と対話をし、ESGスコアを上げさせる役割を担わせようというものだった。

当然、運用会社の理解はすぐには追いつかなかった。オールド資本主義のまま停滞を続けた日本では、ＥＳＧ投資といえば「儲からないＳＲＩファンド」を想起させた。実際に水野がＧＰＩＦ理事に就任して間もない２０１５年４月、ＧＰＩＦの外部有識者委員会である運用委員会の委員長だった米澤康博・早稲田大学教授は、ＥＳＧ投資は収益を犠牲にするという考えを披露していた。米澤教授は、数年後にはＥＳＧ投資は長期投資であれば一考の価値があるという考え方に転ずるのだが、この時点の日本では、ごく一般的なファイナンス関係者の考え方だった。

ＧＰＩＦは運用会社を公募する際の評価基準の一つとして、投資先企業との対話という項目を置いている。そして、この投資先企業との対話によるＥＳＧスコアの改善という査定項目のウエイトを、日本株パッシブ運用では15％から30％に、外国株パッシブ運用では５％から30％に、日本株と外国株双方のアクティブ運用では５％から10％に引き上げた。すなわち、委託先を選ぶコンペにおいて、投資パフォーマンスだけでなく、運用会社が投資先企業と対話しＥＳＧスコアを上げていくためのアドバイス能力についても査定対象とする姿勢を明確に打ち出したのだ。

しかも査定については、運用委託の公募時に実施の年間計画を決めさせた上に、事後にも振り返りをさせ、次の公募の査定にも影響が出るようにした。すると、ＧＰＩＦから運用委託の仕事を獲得したい大手運用会社は、一斉に投資先企業との対話に乗り出し、投資先企業に対しＥＳＧを積極的に話題にするようになった。すでにＧＰＩＦは、この対話によるＥＳＧの改善を、株だけでなく、債券や不動産も含めたすべての運用手法（アセットクラスという）に適用している。

その頃、ニュー資本主義到来の台風の目となったＰＲＩ自身も、さらに行動のレベルを一段上げる。それまでは、ＰＲＩに署名した機関には、毎年進捗報告を提出する義務だけが課せられていたのだが、２０１７年に新ルールを導入し、署名機関は運用資産の半分以上でＥＳＧ投資をすることも義務付けたのだ。ここでいうＥＳＧ投資には、ＥＳＧインデックスなどを使って投資先の選定時にＥＳＧを考慮している投資運用だけでなく、投資した後に投資先企業のＥＳＧスコアを上げるように求めていくタイプの「エンゲージメント・議決権行使」型も含まれる。

そしてＧＰＩＦは、委託先の運用会社もＰＲＩに署名することを要求していく。その結果、署名した運用会社は、ＧＰＩＦ向けに「ＥＳＧ投資をしている」というアピールだけをすればよかった状態から、他の年金基金や保険会社、個人投資家から運用委託を受けている資産も含めた会社全体でＥＳＧ投資を推進せざるをえなくなっていった。

株主という意識が薄かった運用会社

投資先企業との対話は、運用会社にとっては新しいテーマだった。金融機関以外の方は意外に思うかもしれないが、日本では2014年に金融庁が機関投資家向けにスチュワードシップ・コードという業界規範を制定するまで、運用会社が投資先企業と対話したり、株主総会で議決権を行使したりするのは稀だった。というよりも、そもそも自分たちは「株主」だという意識がなかった。

投資運用の世界では、運用会社自身が投資家から預かった資金や株、債券などを運用会社自身で保有してはいけないという「信託分離」というルールが、ほぼどの国でも導入されている。理由は、詐欺や不正を防止するためだ。そのため運用会社は自分では資産を預からずに、信託銀行に管理を任せて運用の指図だけをしている。[43]

この状況で何が起こるかというと、企業の株主名簿に載る「株主」は運用会社ではなく、信託銀行になる。その結果、運用会社は、投資リターンのために株価の動きには関心を持ちつつも、自分たちが「会社のオーナーとしての株主」だという意識が薄かった。同様に、資産の管理だけをしている信託銀行にも自分たちが株主という意識が当然なかった。さらに日本では、証券会社や銀行が運用会社の親会社になっているケースが多い。運用会社が自分の判断で議決権を行使したせいで投資先企業に嫌がられでもしたら、投資先企業と取引をしている親会社に迷惑がかかってしまうという感覚も日本の運用会社には根付いていた。しかし、親会社に忖度し、資産を預かっている投資家の利益を最大化しない行為は、利益相反であり、受託者責任違反とみなされる。そこで、スチュワードシップ・コードは、運用会社に受託者責任を果たさせ、積極的に対話し、議決権行使をするよう求める狙いもあった。その結果、運用会社は、議決権行使方針や議決権行使結果をホームページ上で開示するようになった。

運用会社が投資先と対話する意味

2020年になりGPIFは、さらにギアを一段上げる。運用会社に対して適用しているGPIFのスチュワードシップ活動原則を改訂し、要求レベルを引き上げたのだ。たとえば、投資先企業のESGの状況をヒアリングするという対話だけでなく、運用会社が具体的な目的を持ち対話に臨むよう指示。また投資先企業との対話だけでなくインデック

43　この機能を英語でカストディという。日本では、信託銀行に、運用会社とカストディの双方の事業を営む法的権限がある。資産運用に関する話で信託銀行が登場する際には、運用会社としての信託銀行なのか、カストディとしての信託銀行の話なのかを分けて理解する必要がある。

ス開発会社など幅広い市場関係者と対話し、積極的にインデックス開発会社の評価手法の発展や市場関係者のＥＳＧ投資への理解を促すことなども求めた。他にも、ＰＲＩだけでなく気候変動分野や労働分野などで結集する他の機関投資家イニシアチブにも（イニシアチブとは、企業や投資家、機関投資家、ＮＧＯが特定のミッションを掲げて自発的に発足する団体や活動）積極的に参加することを求めた。

運用会社にとっては、これらは今まで実施していなかった追加業務となる。そこで運用会社はスチュワードシップ部、ＥＳＧ推進部等の部門を新設するのだが、これにより投資判断をおこなう運用部との間で考えが一致しなくなっていったりもした。そこでＧＰＩＦは今回の改訂において、投資部門と対話部門が連携するようにも注文を付けた。

こうして水野がＧＰＩＦ理事兼ＣＩＯになってからのＧＰＩＦは、運用会社の仕事の仕方を大きく変え、運用会社の認識をニュー資本主義へと強引にでも導いていった。実際に日本のＥＳＧ投資割合は先進国中最低だったものが、２０１８年にはＧＰＩＦにより18・3％まで引き上げられた（図11）。２０１９年には、パリ協定の下での２℃目標や１・５℃目標（気温上昇を産業革命前から２℃未満、できれば１・５℃未満に抑えるという国際目標）を投資先企業に意識させるため、ＧＰＩＦの投資運用も２℃目標に近い企業に優先的に投資する考えを披露した。

図11　2012年から2018年の地域別ESG投資割合の推移

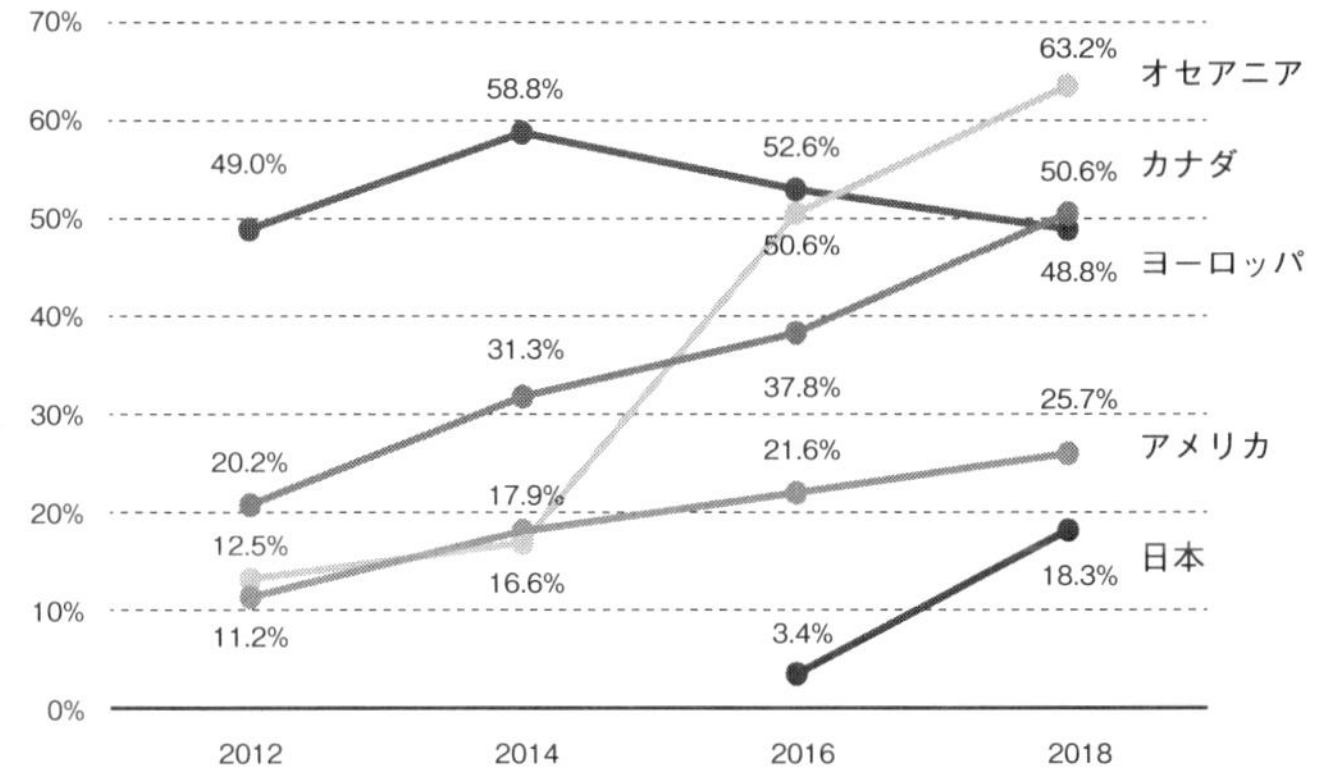

（出典）GSIAを基に著者作成

世界の気温上昇を抑えようという動きは、気温が上昇することで異常気象や自然災害、農作物の不作等による経済危機が発生するリスクがあると考える機関投資家の間で一般的になっていた。ＧＰＩＦも欧米の機関投資家と同じように、そちらへと舵を切ろうと努力していた。ただし、ＧＰＩＦは投資先企業と直接対話することができないため、日本企業をニュー資本主義の中で本当に強くできるかどうかは、運用会社の対話力にかかっていると言える。日本でのニュー資本主義への誘導役を果たした水野は、２０２０年３月にＧＰＩＦ理事を退任した。このニュー資本主義への転換の波を日本の経済界は継続していくのか、それともオールド資本主義に回帰していくのか。今後、大事な局面を迎える。

日本のSDGsブームの罠

ＧＰＩＦが、運用会社と日本企業をニュー資本主義へと誘導していった一方、まったく別の文脈で、２０１５年に策定されたＳＤＧｓについて思案していた政府機関があった。首相官邸だ。ＳＤＧｓが採択されてから約８ヵ月後の２０１６年５月20日、首相を本部長とする「ＳＤＧｓ推進本部」が急に発足する。意識していたのは、翌週に迫っていたＧ７伊勢志摩サミットだった。国連総会でＳＤＧｓが採択されてから初のＧ７サミットを日本で開催することとなり、日本政府として何かＳＤＧｓについて打ち出したかったのだ。

この日の会合では、伊勢志摩サミットで日本政府が打ち出すＳＤＧｓ貢献策として、「中東地域の安定化のための協力」「アフリカでのエボラ出血熱などの公衆衛生対策支援」「発展途上国での女性支援」の３つを話すことを決めた。いずれも日本政府の既存の政策から抽出したものだったが、当時日本政府は、ＳＤＧｓを発展途上国での開発援助や社会貢献活動と理解していたことがうかがえる。日本企業におけるＣＳＲと同じだったと言える。

このＳＤＧｓ推進本部は、第２回の会合で、ＳＤＧｓと企業との関係についての考えに言及し、既に一部の民間企業がSDGsに社会貢献活動の一環として取り組むのみならず、SDGsを自らの本業に取り込み、ビジネスを通じて社会的課題の解決に貢献することに取り組んでおり、政府としてこうした動きを歓迎する。

とニュー資本主義を期待させるメッセージを出す。しかしそのあとは、やはりCSRに戻っていく。次の第3回の会合では、政府と民間企業との連携強化の例として、国際協力機構（JICA）で中小企業向けに活用されていた発展途上国での課題解決型ビジネス調査費支援事業と、企業の環境活動の2つを挙げた。そして、2017年12月に発表された第1回「ジャパンSDGsアワード」では、企業表彰で経済性を評価尺度に入れず、社会貢献度のみで受賞企業を選んでしまう。その結果、SDGsは、ニュー資本主義の中で企業が生き残っていくことではなく、社会性の高い事業を利益を気にせず実施するというような「脱資本主義」と捉えられかねない懸念を孕むようになる。

SDGsバッジは大流行

政府のSDGs推進本部での動きを受け、経団連は2017年11月、「企業行動憲章」を7年ぶりに改定する。企業行動憲章は経団連が1991年に定めた倫理規定で、社会貢献・

環境保全・社会的常識などが盛り込まれている、いわば「CSR憲章」だ。

改定後の内容は、「持続可能な経済成長と社会的課題の解決を図る」としているなど悪くはないが、一体どのような長期リスクに立ち向かうべきかという視点がなく、ニュー資本主義へのシフトを加速させるものにはならなかった。また、経団連のCSR憲章に盛り込んでしまったことで、経団連加盟企業の経営陣にとって、経営戦略というよりも「やらなければいけない規範」というイメージが強くなってしまった。

2018年3月に銀行の業界団体である全国銀行協会（全銀協）が発表した「全国銀行協会におけるSDGsの推進体制、および主な取組項目について」も同様だった。SDGsという、やらなければいけないことをやるという姿勢で、なぜこれに取り組まなければいけないかについては、「中長期的な視点において、SDGsで掲げられている課題に対する取り組みを強化するため」としたが、加盟銀行にとってその意味は必ずしもよくわかるものではなかった。

同じ月に証券会社の業界団体である日本証券業協会（日証協）が発表した「SDGs宣言」も、同じ罠に陥っていた。この宣言では、「国際連合が提唱する国際社会全体の目標であるSDGs（持続可能な開発目標）の達成に貢献するとともに、証券業自らも持続的な成長を目指」すとし、具体的なアクションとして「貧困、飢餓をなくし地球環境を守る」「働き方改革そして女性活躍支援を図る」「社会的弱者への教育支援」「ＳＤＧｓの認知度及び理解度の向上」の４つを掲げた。しかしこれらは、実施すればＳＤＧｓには貢献できるかもしれないが、本当に各々で利益を出すビジネスモデルを見つけ出し、国際的な競争優位性につなげようとしているのか、不安になる内容だった。

経団連、全銀協、日証協という力のある業界団体がＳＤＧｓに言及したことで、加盟企業の経営陣のＳＤＧｓ認知は一気に広まる。特に日証協では、加盟証券会社の役職員一人ひとりにＳＤＧｓのロゴマークを模（かたど）った襟章バッジを支給し、付けることを奨励した。

証券会社以外でも、政府や経団連がＳＤＧｓを推奨したという話が大企業の経営陣に伝わり、「ＳＤＧｓを推進すべし」という号令がかかる。しかし各社の担当者はＳＤＧｓ推進で何をすべきかわからないという状態に陥り、行き着いた先が「ＳＤＧｓの認知度を上げるためにまずＳＤＧｓバッジを配ろう」というものだった。その結果、ＳＤＧｓが何かはわからないものの、襟章にＳＤＧｓバッジが付いている社会人が特に東京で続出した。

だが、ＳＤＧｓという掛け声はあれど、ニュー資本主義のグローバル企業のように、業界全体でＳＤＧｓから何を見出し、長期的な競争力に変えていくのか、収益性を高めていくのかというゴール、目標、スケジュールは、２０２０年に入っても多くの企業からは示されていない。

やはりＳＤＧｓ予算が削られる？

懸念はさらに広がる。業界団体主導で経営陣にＳＤＧｓの存在が伝わった結果、企業の中ではＳＤＧｓという言葉だけが上意下達で推進されていった気配がある。

たとえば、２０１７年の企業報告書を企画する段階で、再びＣＳＲ報告書制作会社から「ＳＤＧｓを意識した報告書にしましょう」と、ＳＤＧｓブームにあやかる提案が出る。その前年の２０１６年は、ちょうどＧＲＩ、国連グローバル・コンパクト、持続可能な開発のための世界経済人会議（ＷＢＣＳＤ）の3団体から共同で「ＳＤＧｓコンパス（ＳＤＧｓの企業行動指針）」という新たな報告書ガイドラインが出たタイミングだった。このガイドラインには、「バリューチェーンにおけるＳＤＧｓのマッピング」の実例が示してあり、原材料、サプライヤー、調達物流、操業、販売、製品の使用、製品の廃棄という一連の事業フローに関連するＳＤＧｓマークを付けた図が載っていた。これにより、ＳＤＧｓから長期的な機会とリスクを探るのではなく、ＳＤＧｓのマークを関連している既存業務に付けるというブームに変わっていった。この章には「各企業の優先課題の所在を明らかにする」とマテリアリティ特定の重要性が明記されていたのだが、「優先的にマークを付ける業務フローを定める」と読み替えられてしまった。

図12　日本のSDGsは脱資本主義？

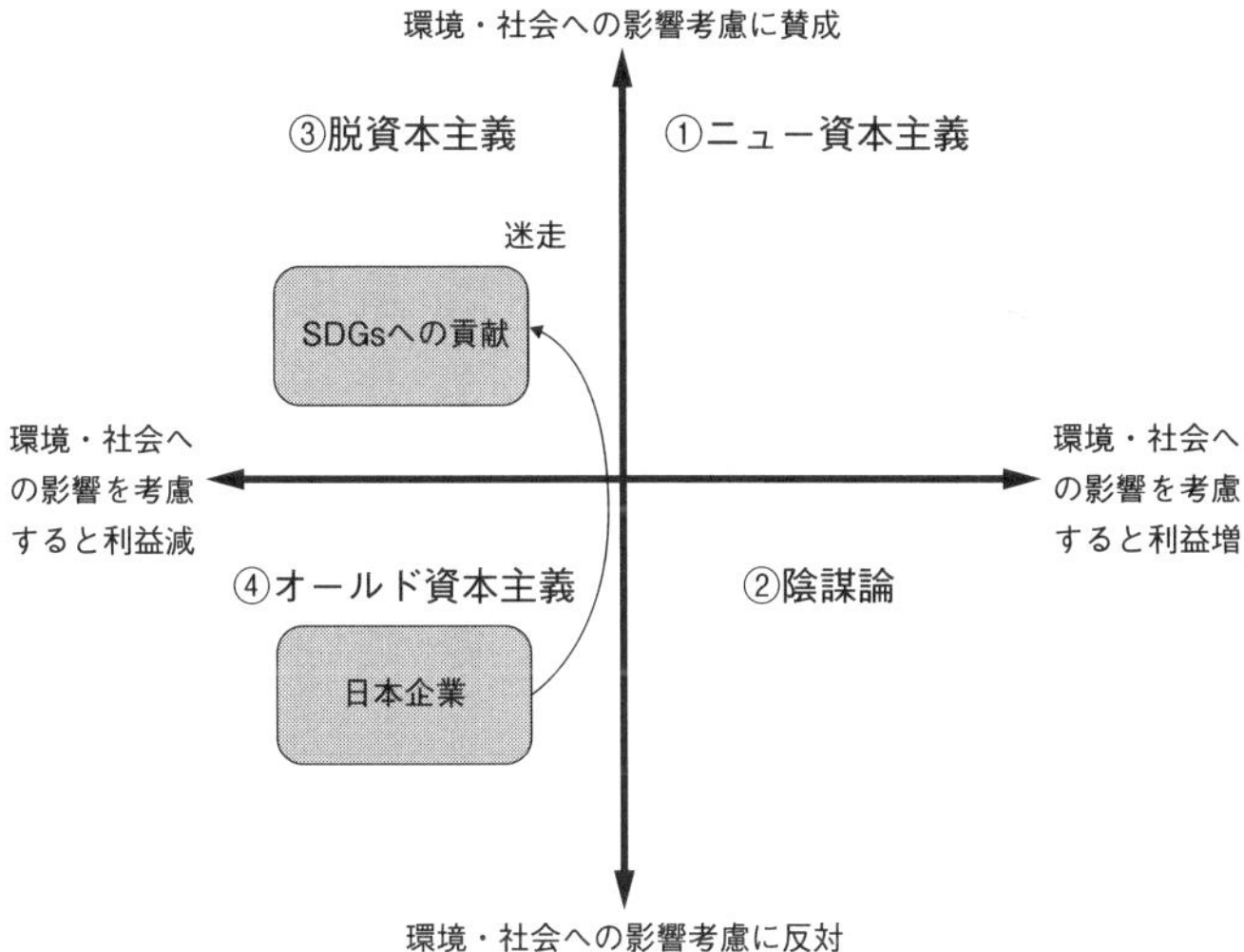

（出典）著者作成

　また、ＧＰＩＦがＥＳＧ投資という日本にとって新しい投資手法を企業に説明していく際に、ちょうど話題になっていたＳＤＧｓを使って説明したことも災いした。ＧＰＩＦが始めた「ＥＳＧ投資はＳＤＧｓをうまく活用した企業に投資する手法」というメッセージが、経団連などがＳＤＧｓに言及し始めたタイミングで、経営陣や一般メディアにも届き始める。その結果、「ＥＳＧ投資は、２０１５年にＳＤＧｓとパリ協定ができたことで生まれた投資手法」というまったくのデタラメが日本で流布していくこととなった。これにより、ＥＳＧ投資家は社会貢献に積極的な企業に投資するという説明や、投資家が利益よりも社会貢献に注目し始めたという虚構までもが、まことしやかに登場する事態となった。

企業はＳＤＧｓに関するアクションを発表する際にも、大半の企業は「ＳＤＧｓに貢献します」というメッセージに終始し、それが長期的にどのような財務価値をもたらすのかに無頓着だ。これでは残念ながら、ニュー資本主義において生き残る経営にはなれない（図12）。

政府が旗を振って始まったＳＤＧｓは、２０００年頃の環境報告書ブーム、ＣＳＲ報告書ブームのように時とともに霧散していくものになるのだろうか。その真意がわかるのは、リーマン・ショックのように経営が厳しくなったタイミングかもしれない。そのとき「ＳＤＧｓとか言っている場合ではない」「ＥＳＧとか言っている場合ではない」という台詞が出てきたら要注意だ。リーマン・ショック時と同じようにＳＤＧｓ予算が容易に削られるなら、やはりそれはＣＳＲ時代の社会貢献活動と同じだったということになってしまう。

リーマン・ショック以降、グローバル企業や欧米の金融機関の中には、利益が大きく下落したり、人員整理まで実施したりする厳しい局面を迎えた企業もあったが、その際でもサステナビリティやＥＳＧに関するアクションを取り下げてはいない。彼らは長期的な競争優位性を勝ち取るためにアクションを起こしているのだから。

第8章　ニュー資本主義時代に必要なマインド

ニュー資本主義とオールド資本主義では、経済認識がまったく異なる。たとえば緻密な四半期決算はオールド資本主義で高く評価されていたが、ニュー資本主義ではむしろ邪魔もの扱いされたりする。逆もまた然(しか)りで、オールド資本主義では無用の長物で経済活動の足枷(あしかせ)だった二酸化炭素排出量削減が、ニュー資本主義では削減しなければ資金調達が滞りかねない事態になっている。

それでは、このまったく新しいニュー資本主義の時代をどのように乗り越えていけばいいのだろうか。上場企業、非上場企業、金融機関、政府、NGOの順に対処の方向性を見ていこう。

上場企業に必要なこと

上場企業は、株式市場や社債市場から資金を調達できる反面、一般株主に対する情報開示やコーポレートガバナンス上の特別ルールが課せられている。しかし、大事なのは課せられているルールそのものを遵守すればあとは自由ということではなく、20年、30年という先を見据えたときに、今から準備しておかなければいけないリスクは何で、負けてはいけない戦いどころはどこかを早めに見定めていかなければならない。

もちろん20年や30年といった遠い先の状況を見通すことは簡単ではない。しかしその悩みを紐解くと、数年先しか見ない中期経営計画と同じ感覚で30年計画を作ろうとしてしまっているところからきている。20年や30年の戦略や目標を考える際には、現在の事業モデルや市場シェア、顧客属性、売れ筋の製品を出発点にする必要は必ずしもない。それらが現在と同じ状況にある保証など、どこにもないからだ。

そうではなく、長期戦略や長期目標を考える際には、社内の状況をいったん忘れ、思いきって環境変化や人口動態、高齢化やＡＩなど、長期的な外的要因の変化から考えることに振り切ってしまったほうが、議論の取っ掛かりが見えてくる。そうして一度、実現したいゴールを描いてから、そこに近づくための道筋を、戦略と計画の双方で設計していくほうが効率的だ。

このような外的要因をイメージすることが難しいのであれば、社内だけでなく社外の知見を活用したほうがよいだろう。実際にグローバル企業でも、外的要因に関する意見を聞くために社外取締役や諮問委員を抱えている企業が多い。また、株主である機関投資家も、日々、長期的な展望を養っているので、株主との対話をＩＲ担当に任せたままにせず、経営陣自身が対話に応じることで気付きが得られることも少なくない。恐れずにＮＧＯや国際機関と話をすることも有効で、グローバル企業のＣＥＯでも、信頼できる国際ＮＧＯとのホットラインを持っている人は非常に多い。

またグローバル企業を目指している企業は、経営のベンチマークとして国内の競合企業ではなく、グローバル大手を見ていかなければならない。ニュー資本主義では政府よりも民間が先に動くので、同じ業界のグローバル企業の動向に注意を払っていないと、業界のトレンドについてはいけないし、当然、グローバルでのトレンドを自らリードすることもできなくなってしまう。

積極的に国際規模のイニシアチブに参加する姿勢も重要となる。たとえば再生可能エネルギー100％での事業運営を目指すRE100、プラスチック使用量の削減や高度なリサイクルを推進するCE100といった国際イニシアチブでは、日本企業は参加するのが遅かったため、国際潮流をつかむタイミングが大きく遅れてしまった。林立する国際イニシアチブの中で、どのイニシアチブに入ればいいかがわからないという意見もあるが、日本人の感覚と異なり、海外では思いついたら次々と行動するのが普通の感覚だ。イニシアチブが集約されるのを待っていてもラチがあかないので、この荒波に飛び込んで行く覚悟が必要となる。

非上場企業に必要なこと

非上場企業は、上場企業と違って規制が少なく、経営のフリーハンド（自由裁量）が多い。そのため、自分たちのペースで経営計画を検討することができる。しかし反面、世の中の情勢変化に耳を傾けていないと、途端に時代の流れについていけなくなってしまうおそれがある。ニュー資本主義では、政府発表や報道を見ているだけでは十分ではなく、企業やNGOから知らない間に新たな活動やトレンドが始まっていることも多い。また、上場企業ではないので、機関投資家やESG評価会社から長期リスクや長期的な機会についてのフィードバックを得ることもできない。

その中で重要なことは、新しい情報を持っていそうな関係者とのパイプを太くしておくことだ。それは大手企業顧客かもしれないし、大手サプライヤーかもしれないし、ベンチャーキャピタルかもしれない。また、直接の仕事相手でなくても、社外セミナー、ウェブサイト、YouTube、ツイッターなどで、自分に合った最新の情報をくれる人を見つけておくという方法もありだ。上場企業と同じように、意中の人に社外取締役になってもらってもいいだろう。

残念ながら中堅中小企業だからといってニュー資本主義は容赦をしてくれない。大企業と取引をしようとすると、従来からの品質、納期、価格に加え、環境、プライバシー、データセキュリティ、労働環境、人権対応等に関する基準を要求されることも今後増えていく。このときに面倒くさがらず、きちんと評価される存在になれれば、他の企業との差別化をしやすくなることも覚えておいていただきたい。

地域密着型企業の場合は、地域の今後の動向に関する情報収集はしておいたほうがいいだろう。その地域の人口動態、自然災害リスク、収穫作物や魚介類の変化などの情報は特に重要なので、市役所や商工会議所で情報収集を手伝ってもらうのも有効だ。

金融機関に必要なこと

銀行、機関投資家は今後ますますＥＳＧリスク把握が重要になっていく。長期的な環境変化や社会動態が企業財務に与える影響は明白になってきており、リスクの面でも機会の面でも、財務分析とともに、ＥＳＧ的な観点でものごとを考えられるようになると強い。

一方、上場企業にとっても課題であるように、長期的トレンドに関する最新情報をキャッチアップし続けるのは容易なことではない。そのため、欧米の主要な金融機関でも、取締役会レベルや事業部レベルで諮問委員会を設置していることが多い。定期的に相談に乗ってくれる顧問がいても心強いだろう。ただし、今や金融機関のトレンドは、欧米だけでなくアジアなどからもグローバルにやってくるので、国内の視点だけでなく、グローバルな視点で有益な情報を示してくれる人こそが適任者だろう。

海外では、金融機関がＮＧＯと連携することも増えている。セクター単位で社内に情報が少ない場合や、将来の予測が立たない際に、その分野のＮＧＯであれば知見を持っていたりする。特に海外現地情報の把握では、コンサルタントだけでなく、ＮＧＯからも情報収集をすると、多角的にものごとを捉えられるようになる。

これからの重要テーマは、投融資のインパクトという概念だ。特段のインパクトを謳わない通常の投融資においても、それらの投融資が社会にもたらしている波及効果を想像できるようになると、インパクトの測定が求められたときに考えやすくなるだろう。

政府に必要なこと

政府が取るべき行動は、平時と経済危機時で分かれてくる。平時では、リーマン・ショック後に幕開けしたニュー資本主義時代において、政府は主役ではなく裏方に回ることが少なくない。サステナビリティ経営やＥＳＧ投資の分野では、企業や機関投資家が自主的にＮＧＯや国際機関と連携し、課題設定や課題解決の方向性の提示、課題解決の進捗報告に関する議論をリードすることが多い。ＥＵでは現在、政府の役割は、先頭に立って企業を導くことから、企業に市場メカニズムを強化するための情報開示ルールの整備や税制の設計といった競争環境の整備と、出遅れた企業を支援する助成・補助や先進事例の紹介等といった下支えに移ってきている。

政府が担ってきた法規制のあり方についても変化が見られる。従来は、企業行動の足枷にならないように最低限のルールだけを課していこうという考え方が強かった。しかし最近、欧米では、企業が自主的に起こした風に乗り、それを強化するために思い切った厳しい環境ルールや人権ルールを課す動きが顕著になってきた。代表的なものには、EUのサステナブルファイナンス・アクションプランや欧州グリーンディール政策、GDPR（一般データ保護規則）、イギリスの現代奴隷法、カリフォルニア州のサプライチェーン透明法などがある。これらは、各国や州において戦略的強みを発揮できそうな分野で、あえて規制を課すことでイノベーションやビジネスモデル・チェンジを促進させる狙いがある。

こうした役割の変化は、国際政治プロセスの変化とも捉えることができる。第2章で述べた2000年前後は、まず各国内部で政府が産業界の声を集約し、政府が国際会議で交渉するという「二層政治」が主流だった。そこでは、地球規模の問題は政府と国際機関の専権事項だった。しかしニュー資本主義の時代には、グローバル企業や世界中に投資している機関投資家が、環境課題や社会課題に関心を寄せていった結果、「二層政治」が崩壊する。政府の法規則や政策を待つことなく、グローバル企業や機関投資家自身が、どこの国の企業かを問わず同じ関心を持つ企業で仲間を募り、連携活動を次々と立ち上げていっている。

企業が国際機関とパートナーシップを締結することも一般化しており、蚊帳の外に追いやられていると感じるかもしれない。しかし、むしろそのようなときに傍観しているのではなく、自然発生したイニシアチブにどんどん乗っかっていったほうがいい。欧米では、自然発生したイニシアチブに補助金を与えスポンサーになっている案件も多い。募集して公募を待つという仕事のスタイルではなく、むしろ積極的に出向いていって、スポンサーを受け入れてくれるところを探すアウトバウンド型が求められるようになっていく。

国内で何か検討会や協議会を設定する場合には、それは日本企業のためのものなのか、それとも日本経済のためのものなのかを、逐一明確にすることも必要だ。特に日本企業の国際競争力が弱くなっている業種では、連携する企業を日本企業に限定してしまうと、検討内容そのものがガラパゴス化し、国の政策が競争力を失ってしまう。かつての日本のように、日本企業が海外企業にキャッチアップする必要がある分野も最近では増えてきた。そのとき日本企業だけで議論をしていても、長期トレンドを日本発で作り出すどころか、グローバルの潮流にすら乗れなくなってしまう。

一方、経済危機のタイミングでは、政府が担う役割は大きくなる。ニュー資本主義の時代では、企業や機関投資家は長期的な課題に自主的に対応するようになるものの、短期的な経済危機のタイミングでは、自力だけでは立ち向かえない事態も出てくる。特に今後、自然災害や紛争、感染症等で一時的な経済危機が発生する可能性があり、グローバル化した経済では危機時のダメージも大きくなる。不況が企業を直撃し、自社での財務力だけでは衝撃を吸収できなくなれば、人員や長期課題への対応に必要な投資が削減され、さらには倒産するところまで出てきてしまうかもしれない。それを避けるためには、政府が企業と金融機関に対して短期的な資金繰りを支えるための金融・財政政策が重要となる。経済危機の局面では、企業の長期思考経営を支えるため、短期的な財務手当が必要となってくる。

NGOに必要なこと

ニュー資本主義では、NGOの役割も変わってくる。オールド資本主義の時代には、NGOは警鐘を鳴らす役割が重要だったが、ニュー資本主義では、むしろ企業や機関投資家はNGOから学びたがっていくため、協働や連携といった関わり方も必要となってくる。国際NGOでも、世界自然保護基金（WWF）、コンサーベーション・インターナショナル（CI）、世界資源研究所（WRI）、エレン・マッカーサー財団、セーブ・ザ・チルドレン、ウォーターエイド、Ceresなどは、積極的に企業や機関投資家とパートナーシップを結ぶことで知られている。

一方、オールド資本主義と異なり、ニュー資本主義の時代には、純粋な寄付というものが減り、寄付にも企業メリットを考えるようになっていく。そのためファンドレイジングでは、自分たちのNGOの事業がいかに社会性があるかだけでなく、寄付をしてくれた企業に対し何を返していけるのかも考えていかなければならない。企業ではこのような行動を「マーケティング」と呼ぶが、まさにＮＧＯのファンドレイジングにもマーケティング的なスキルが必要となる。

警鐘を鳴らす型のＮＧＯも、ウォッチドッグ（番犬）としての役割は必要であり続けるだろう。ただし、今後、企業も投資家も、環境・社会課題に関する専門知識を高めていくので、中途半端な警鐘では耳を傾けてもらえなくなってしまう。ウォッチドッグの役割を果たしていくためには、企業と投資家を十分に説得できるだけの専門知識が今まで以上に重要となる。

おわりに　未来は自分たちでつくるしかない

ここ最近、急速に経済の動きがわかりづらくなったという声を耳にするようになった。実際にメディアの論調を見ていても、次々と矛盾する見出しが当たり前のように飛び出している。

たとえば、「米国型の資本主義は逆境を迎えている」という新聞記事が出る。これを読むと、「会社は株主のものだと言っていた欧米流の考え方は古くなった」と書いてある。なるほどと思っていると、今度は、「欧米の投資家が気候変動対策を強化するよう投資先企業に圧力をかけている」という記事が翌日ぐらいに出たりする。こちらには、株主が今まで以上に企業の経営に介入するようになってきたということが書いてあったりする。この2つは、明らかに真逆のことを言っているので、一体どちらが正しいのかわからなくなる。

実務担当者の間でも、大きな混乱が見られる。日本企業は、バブル崩壊から経済低迷期に入り、「失われた30年」と言われてきた。他の先進国に比べ株価が大きく下げていることもさることながら、最も深刻に受け止められてきたのは、日本企業の利益率が非常に低いということだった。

２０１４年には経済産業省が「伊藤レポート」をまとめ、ＲＯＥ（自己資本利益率）を８％以上に上げよというお達しが出たため、上場企業は血眼になって自己資本利益率の改善に奔走してきた。そうしたら今度は、日本経済新聞に「揺らぐ企業のＲＯＥ神話　その利益に大義はあるか」（２０２０年1月7日）という特集記事が出る。その主張は、ＲＯＥを追求する経営は古いというものだ。わけがわからなくなる。

経済の動きはたしかに捉えづらくなったかもしれない。その背景としてこの30年間の世界規模での変化が日本にはあまり伝わっていないのではないかと考え、本書を書いた。オールド資本主義、ニュー資本主義、脱資本主義、陰謀論の４つが整理できれば、もっとシンプルに人の話がすっと理解できるようになるのではないだろうか。

たとえば、２０１９年8月に、アメリカ主要企業のＣＥＯ団体「ビジネス・ラウンドテーブル」から、このようなメッセージが発信された。

「個々の企業は、自身の『コーポレート・パーパス（企業の目的）』を果たしつつ、我々はすべてのステークホルダーとの間で基礎的なコミットメントを共有している：それは、

・顧客に価値を届ける：顧客の期待を満たし、超えることをリードしてきたアメリカ企業の伝統をさらに進める。

・従業員に投資する：従業員に公平に給与を支払い、重要な福利厚生を提供し、急速に変化する世界で新たなスキルの開発を支援する教育研修を通してサポートする。ダイバーシティ、インクルージョン、尊厳、敬意を強化する。

・サプライヤーと公平で倫理的な取引をする：我々のミッションの実現をサポートしてくれる大小問わず他の企業と良いパートナーになる。

・事業所の地域社会の支援：地域社会の人々に敬意を払い、事業を通じて持続可能な慣行を実施することで環境を保護する。

・当社が投資し、成長し、イノベーションを起こすための資本を提供してくれる株主に長期的価値を創出する。株主との透明で有効なエンゲージメントにコミットする。

以上すべてが重要なステークホルダーだ。我々は、当社自身、地域社会、国の未来の成功のために、これらすべてのステークホルダーに価値を提供する」

この声明に署名したCEOは全部で180人を超え、本書を執筆しているタイミングでも増え続けている。署名したCEOの企業には、アフラック、アメリカン航空、アメリカン・エキスプレス、アマゾン、バンク・オブ・アメリカ、ボーイング、アップル、バイエル、BP、AT&T、ブラックロック、カーライル、シスコシステムズ、シティグループ、コカ・コーラ・カンパニー、エクソンモービル、ダウ、フォード、IBM、GM、ゴールドマン・サックス、ジョンソン・エンド・ジョンソン、JPモルガン・チェース、マリオット・インターナショナル、ナスダック、マスターカード、ムーディーズ、マッキンゼー、モルガン・スタンレー、オラクル、P&G、ペプシコ、S&Pグローバル、SAP、シーメンスUSA、バンガード、ウォルマート、ウェルズ・ファーゴ、VISA、ユナイテッド航空、UPS、3M、ゼロックスなどがある。

ビジネス・ラウンドテーブルは、この声明発表のプレスリリースの中で「株主第一主義に代わる新しい企業責任のための現代標準になる」という表現を用いた。これについて日本経済新聞は、

米主要企業の経営者団体、ビジネス・ラウンドテーブルは19日、「株主第一主義」を見直し、従業員や地域社会などの利益を尊重した事業運営に取り組むと宣言した。株価上昇や

配当増加など投資家の利益を優先してきた米国型の資本主義にとって大きな転換点となる。米国では所得格差の拡大で、大企業にも批判の矛先が向かっており、行動原則の修正を迫られた形だ。[44]

と報じた。この記事のように、株主の利益と他のステークホルダーの利益が両立しないと考え、企業が株主利益を重視しない時代になっているのであれば、今の世界は脱資本主義へと向かっていることになる。しかし本当にそうだろうか。

本書で見てきたように、今回の声明に署名したようなグローバル企業は、リーマン・ショック後にニュー資本主義に移行してきており、「株価上昇や配当増加など投資家の利益を優先してきた」は現在の米国型資本主義を示す言葉として適切ではない。まして今回宣言されたような内容は、すべてESG評価で重視される項目ばかりで、「大きな転換点」となるような目新しさは正直ない。ニュー資本主義の観点からすると、そもそも株主利益と他のステークホルダーの基礎的な利益は両立しているのだから、ステークホルダーの価値を意識する経営は、ますます長期的に株主利益を最大化していく。株主が投資先企業を取り巻くステークホルダーのニーズに敏感になった今、企業経営陣が株主から高い評価を得るためには、株主以上に自分たちがステークホルダーのニーズを把握できているということを株主に対して示し続けなければいけなくなったのだ。

声明に出てきた「コーポレート・パーパス」は、長期的な戦略や目標を描くためには不可欠だ。変化が激しい世の中で、我々にも変化が求められる中、我々が何者でいたいかが認識できなければ、一体どこに向かえばいいのか決められなくなってしまう。コーポレート・パーパスを抱き、長期的に成長していく準備と経営をすることは、従業員や地域社会だけでなく株主も望んでいる。いや、むしろ、50年先、１００年先までその会社の株主であり続ける株主こそが望んでいるだろう。

ニュー資本主義の柱の一つであるＥＳＧ投資は、すでに株式投資だけでなく、債券投資、不動産投資、インフラ投資、プライベートエクイティ投資、リアルアセット投資、コモディティ投資、証券貸借の領域にまで拡大してきている。さらに投資だけでなく、融資でもＥＳＧ融資が普及し始めており、全体をひっくるめて「サステナブルファイナンス」と呼ばれるようにもなった。サステナブルファイナンスを通じて、いかに投融資パフォーマンスを上げていくかについては、依然道半ばの状態で、ＥＳＧ投資の基盤構造を構成する「データ」

44　日本経済新聞電子版（２０１９）「米経済界『株主第一主義』見直し　従業員配慮を宣言（２０１９年8月20日）」（アクセス日：２０２０年2月17日）

「マテリアリティ」「ESG評価」については、数多くの課題が指摘され、改善が模索されている。そこには、ニュー資本主義そのものの否定ではなく、ニュー資本主義を確たるものにしようと奮闘する各プレーヤーの頼もしい姿がある。

1999年シアトルWTO閣僚会議から20年が経ち、我々の見る景色は大きく変わった。ニュー資本主義によって、企業、機関投資家、政府、国際機関、NGOの距離ははるかに近くなった。しかしそれはハッピーエンドのシナリオなのではなく、むしろ2011年のグローバルリスク報告書で明白になったように、これからの世界が大きな試練のときを迎えることとの裏返しだ。以前は距離をおいて言い争っていた各々が、ここまでして近い存在にならなければいけないほど、2020年以降の世界には大きな課題が到来してくるということだ。

気候変動、食料難、水の希少性、先進国から新興国への政治力のシフトなど、従来型の対応では対処できない課題が次々と訪れている。今、我々は何に希望を持ち、アクションを起こせばいいのか。本書によって、皆さんの視界が少しでも開けたなら幸いである。

補遺　新型コロナウイルス・パンデミックとESG思考

本書を書き上げ、ようやくひと息ついていた2020年2月末。第7章の末尾で記したように、「不況期にこそESG思考の真価が問われるようになる」というメッセージが、本書の刊行後に読者に届けばと願っていたのだが、その矢先、新型コロナウイルス（正式名COVID-19）によって、本書の刊行前に不況期に突入してしまった。そのため、この補遺を急遽執筆することにした。

新型コロナウイルスは、2019年11月に中国・武漢市で発生したとみられる未知のウイルスだ。2020年1月30日に中国での感染者が7000人を超えたところで、世界保健機関（WHO）は、史上6例目となる「国際的に懸念される公衆衛生上の緊急事態（PHEIC）」を宣言した。これにより国際的な防染体制が強化されたが、アメリカやヨーロッパ全域にも感染が拡大した。

そのためWHOは3月11日、WHOの感染症区分で最も深刻なフェーズ6「パンデミック

（世界的大流行）」を宣言した。パンデミック宣言は史上2例目。1例目は2009年の新型インフルエンザだったが、このときは健康被害がそこまで拡大せず、パンデミック宣言そのものに疑義が呈されたことを考慮すると、本格的なパンデミックは新型コロナウイルスが史上初ということになる。この補遺を執筆している3月には、感染は世界全体にまで及んでしまい、パンデミック収束の時期はまったく見えていない。

経済への影響も深刻になってきている。感染防止のため、人々の移動の制限、イベントの中止、外食の抑制などの対策が講じられた結果、経済活動が大きく減退。世界各地で株価が暴落し、もしパンデミックが長引けば、2008年リーマン・ショック以来の大不況へと発展するおそれもある。

このような不況期に、経営者は何をすべきだろうか。思い出していただきたいのは、2008年のリーマン・ショックだ。第4章で紹介したように、あのリーマン・ショックが欧米のグローバル企業と日本企業の間の大きな分岐点となり、日本企業は長期的な競争力を大きく削ぐ結果となってしまった。リーマン・ショックを機に、欧米のグローバル企業はサステナビリティ部門を新設・強化し、長期的なリスクと機会を分析して先手を打つESG思考を磨いていった。一方、日本企業は短期利益重視の判断を下し、目先のコスト削減に舵を切ってしまった。では今回は大丈夫だろうか。

その危うさはすでに出てきている。オールド資本主義が根強い日本では、新型コロナウイルスによる今回の不況を機に、「ＳＤＧｓブームは終わった」「ＥＳＧ投資の波は消えてなくなる」という声が一部で出始めている。ＳＤＧｓが社会貢献活動にしかみえない彼らからすれば、環境・社会のテーマに配慮した企業経営は利益を損ねる異常な経営でしかない。そのため、ひとたび不況になり利益確保が危うくなれば異常から正常に戻ると考えるのは、オールド資本主義にとっては自然なことだろう。実際に多くの日本企業の内部では、ＳＤＧｓは社会からの要請で「やらされている」という感覚があった。こうした企業は、ＳＤＧｓの潮流が小さくなったことを歓迎し、再び短期的な利益を追い求める経営へと回帰していくことだろう。

だが、ニュー資本主義に立脚するグローバル企業や機関投資家は、不況期にこそESG思考を強めていく。たとえば、パンデミックは、ダボス会議のグローバルリスク・マップ（１１０ページ）の中でも「感染症」として登場し、長期的なリスクの一つとみなされている。すでにニュー資本主義に移行した欧米のグローバル企業は、将来再びパンデミックや自然災害が発生するリスクを想定し、事業継続計画（ＢＣＰ）の一環として、テレワークでの業務遂行やオンラインでの製品販売・サービス提供（オンライン化）の体制を強化する動きに出ている。財務面でも、銀行から最大限借り入れした上で、休業や営業時間短縮の影響を受ける従業員の給与を補償し、感染症対策や飢餓対策でNGOに寄付する動きも広がっている。休業補償では、政府による補償が正社員だけに適用される国も多いが、それでもウォルマートやネスレは自主的にパートタイム社員にも休業補償を適用する制度を打ち出した。これぞまさにESG思考だ。

サプライヤーへの支援も重要となる。特に中小規模のサプライヤーでは、自ら不況期を乗りきるための財務力がないところも多い。自社にとって不可欠なサプライヤーに不況期を耐えてもらうには、企業自身がサプライヤーの財務に配慮し、必要な財務支援を実施することも非常に重要な措置となる。グローバル企業では、平時からサプライヤーに対し低金利ローンを提供したり、コスト削減や事業改善のためのアドバイスを実施したりしているところも多い。緊急時のこのような対策は、不況期を脱した後の回復力や事業成長の鍵を握る。実際にユニリーバはサプライヤーの資金融通に乗り出すことを決めた。

銀行にとっても同じことが言える。自然災害やパンデミックという一時的な不況時に、運転資金の確保に苦しむ企業を見捨てていけば、地域経済そのものがボロボロになっていく。地方創生と雇用創出のための産業誘致や起業の必要性が声高に叫ばれる中、本来生き残れるはずの既存の企業を倒産に追い込むことがどれほど愚の骨頂か、冷静になればわかるはずだ。銀行にとっての事業基盤である地域経済を存続させるためには、不況期こそ長期的な視点での審査とファイナンスが必要となる。

実際に今回、世界の大手銀行はリーマン・ショックのときとは大きく異なる対応を見せている。リーマン・ショックでは、短期的な株価浮揚策として人員削減と自社株買いが横行した。しかし今回、シティグループやバンク・オブ・アメリカ、ゴールドマン・サックス、モルガン・スタンレーなどの米系大手は、アメリカ連邦政府が要請するよりも先に、自社株買いを自主的に禁止することを共同で宣言。従業員の給与保証と顧客の資金繰り支援を優先し、手持ちのキャッシュを確保すると表明した。さらには、感染症を少しでも早く収束させるため医療機関や研究機関への寄付までしている。これらも同様にESG思考そのものだ。

このように、ニュー資本主義に移行したグローバル企業は、長期思考を堅持した上で、短期的な荒波をギリギリまで融資による資金繰りで乗り切ろうとしている。企業は銀行からの融資を目一杯引き出し、銀行もそれに応えようとしている。銀行の財務は、中央銀行が銀行への貸出を拡大することで支えている。そうすることで、企業も銀行も短期的な荒波に対処しつつ、長期的な競争力を保持し、さらには強化しようとしている。

ニュー資本主義にいる機関投資家も同様だ。投資先企業がテレワークや事業のオンライン化を高いレベルで進めていれば、パンデミックが発生しても事業を中断せずに継続することができる。さらに、今後気候変動が進行すれば、自然災害や感染症のリスクは高まり、ますますテレワークやオンライン化の必要性が上がるとも認識されている。実際に、ESG評価会社の評価項目の中に、テレワークや事業のオンライン化の観点はすでに組み入れられている。国債や社債への投資でも、自然災害やパンデミックに耐性のある国や企業は、デフォルトリスクや倒産リスクは低くなるため、投資先として有望に映る。

新型コロナウイルスによるパンデミックが到来したからといって、グローバル企業が射程に入れてきた事業課題やサプライチェーン課題が消えることはない。むしろ今回、パンデミックによる事業リスクが新たな課題として認識されたことで、それらへの解決策を模索することになるだろう。そのとき、日本企業が再び短期思考経営に陥れば、ますます長期的な経営課題への布石が打てなくなり、グローバル競争力は損なわれていく。

繰り返しになるが、ESG思考は不況期にこそ真価が問われる。長期思考をし、将来の事業成長や価値創造にとって重要な項目を見定め、そのリスクと機会にしっかりと布石を打っていくことは、どのような経済状況下でも必要なものだ。これを不況の時代でも実行できる経営力があるかどうかが、将来の企業競争の帰趨を決することになる。あらためて本書が、皆さんにとっての一つの指針になればと願う。

夫馬賢治

株式会社ニューラル代表取締役CEO。サステナビリティ経営・ESG投資コンサルティング会社を2013年に創業し現職。同領域ニュースサイト「Sustainable Japan」運営。環境省ESGファイナンス・アワード選定委員。ハーグ国際宇宙資源ガバナンスWG社会経済パネル委員。ハーバード大学大学院リベラルアーツ修士(サステナビリティ専攻)。サンダーバード国際経営大学院MBA。東京大学教養学部卒。

講談社+α新書 827-1 C

ESG思考(イーエスジーしこう)

激変資本主義1990－2020、経営者も投資家もここまで変わった

夫馬賢治(ふまけんじ)

2020年4月13日第1刷発行
2023年8月21日第5刷発行

発行者―――― 髙橋明男

発行所―――― 株式会社 講談社
東京都文京区音羽2-12-21 〒112-8001
電話 編集(03)5395-3522
販売(03)5395-4415
業務(03)5395-3615

デザイン―――― 鈴木成一デザイン室

カバー印刷―――― 共同印刷株式会社

印刷・本文データ制作― 株式会社KPSプロダクツ

製本―――― 牧製本印刷株式会社

KODANSHA

定価はカバーに表示してあります。

落丁本・乱丁本は購入書店名を明記のうえ、小社業務あてにお送りください。

送料は小社負担にてお取り替えします。

なお、この本の内容についてのお問い合わせは第一事業本部企画部「+α新書」あてにお願いいたします。

Printed in Japan
ISBN978-4-06-519610-6

講談社+α新書

世界のスパイから喰いモノにされる日本 MI6、CIAの厳秘インテリジェンス
山田敏弘
世界100人のスパイに取材した著者だから書ける日本を襲うサイバー嫌がらせの恐るべき脅威！
880円 822-1 C

空気を読む脳
中野信子
日本人の「空気」を読む力を脳科学から読み解く。職場や学校での生きづらさが「強み」になる
860円 823-1 C

ソフトバンク崩壊の恐怖と農中・ゆうちょに迫る金融危機
黒川敦彦
巨大投資会社となったソフトバンク、農家の預金等108兆を運用する農中が抱える爆弾とは
840円 824-1 C

次世代半導体素材GaNの挑戦 22世紀の世界を先導する日本の科学技術
天野浩
ノーベル賞から6年——日本発、21世紀最大の産業が出現する!! 産学共同で目指す日本復活
880円 825-1 C

会計が驚くほどわかる魔法の10フレーズ
前田順一郎
この10フレーズを覚えるだけで会計がわかる！「超一流」がこっそり教える最短距離の勉強法
900円 826-1 C

ESG思考 激変資本主義1990―2020、経営者も投資家もここまで変わった
夫馬賢治
世界のマネー3000兆円はなぜ本気で温暖化対策に動き出したのか？ 話題のESG入門
880円 827-1 C

表示価格はすべて本体価格（税別）です。本体価格は変更することがあります